U0041829

ゼロからはじめる「RC造施工」入門

原口秀昭——著

陳曄亭——譯

圖解RC造
施工入門

一次精通鋼筋混凝土造施工的基本知識、
結構、工法和應用

本書中所載的日本法規簡稱

基準法：建築基準法

JASS 5：日本建築學會「建築工程標準說明書 ‧ 與解說 JASS 5 鋼筋混凝土工程」（建築工事標準仕樣書‧同解説 JASS5　鉄筋コンクリート工事）

配筋指南：日本建築學會「鋼筋混凝土造配筋指南 ‧ 與解說」（鉄筋コンクリート造配筋指針‧同解説）

共說：公共建築協會「建築工程共通說明書」（建築工事共通仕樣書）

公說：公共建築協會「公共建築工程標準說明書（建築工程篇）」（公共建築工事標準仕樣書（建築工事編））

勞安規：勞動安全衛生規則（労働安全衛生規則）

前言

「現場百次！」從設計事務所時代至大學執教鞭，這句話一直是我的座右銘。眾人齊聚，氣氛就像參加慶典，親眼目睹實物的真實感，不管拜訪幾次都不會厭倦。一位建築線記者曾說，每年參訪這麼多工程現場，真的是很罕見的事。即使如此，每次到現場仍然有值得學習的地方，令人感受到建築知識的博大精深，真的非常有趣。比起在教室不如到現場，比起去展覽會不如到現場，比起竣工後不如施工中的現場。

系列前作《圖解建築施工入門》是以大方向講述施工的整體情況。本書在施工部分集中解說鋼筋、模板、混凝土工程，並說明進一步的內容。人類所使用的資源中，數量僅次於水的，就是混凝土。RC 造（鋼筋混凝土造）、SRC 造（鋼骨鋼筋混凝土造）當然如此，S 造（鋼骨造）、木造的基礎也都是使用混凝土。筆者認為 RC 是結構施工中最重要的部分。

本書整體架構是以鋼筋、模板、混凝土的施工順序進行說明。題目從日本一級和二級建築師、一級和二級施工管理技師，以及混凝土（主任）技師的試題中挑選製作而成。不足的部分再以創作的基本問題補充。書中涉及結構的部分，也會配合說明。筆者非常推薦施工與結構一起交互說明的學習方式。

筆者可以充滿自信地保證，閱讀本書就能學習到 RC 工程的基礎，對於了解實務也大有助益。每個項目以一回合（1R）、三分鐘的速度進行。運用輕鬆的方式來記住相關詞彙和數字。為了讓讀者不容易忘記，筆者下了不少工夫，配合圖解以視覺來記憶，達到同時記下多個項目的效果。書末彙整重要詞彙和數字，請大家好好運用吧。

只有建築圖是很無趣的，因此書中加了很多圖解和漫畫。原本在部落格（http://plaza.rakuten.co.jp/mikao/）以每天一頁左右，創作讓學生可以輕鬆閱讀的作品。若沒有附漫畫，學生就興趣缺缺。以部落格文章為本，修正出版「圖解系列」。或許是內容有豐富圖解的關係，本系列已在中國、台灣、韓國翻譯出版。當筆者收到台灣讀者寄來的一封感謝郵件，還附帶一張讀者書桌上並排著拙作翻譯本的照片時，頓時覺得這些年來的努力都值得了，內心無比歡欣。

筆者曾聽一位建築媒體記者說會在書桌上排列拙作作為參考，也曾收到某大學教授來信表示拙作是他的珍藏之一，還有住宅診斷士提到拙作陳列在事務所的書架上，不少不動產業界老闆也很喜歡閱讀拙作，這些都是勉勵筆者不斷前進的動力。

能夠出版這麼多本圖解和建築領域的書籍，都要感謝持續在背後勉勵我的大學時代恩師，已故的鈴木博之先生。鈴木先生的來信，砥礪筆者每天四點起床，成為在上班前持續創作的動力。這樣的習慣從大學四年級一直持續至今，連筆者自己都感到不可思議。

協助企畫的中神和彥先生、進行編輯作業的彰國社編輯部尾關惠小姐，給予許多指導的專家學者、專門書籍和網站的作者、部落格的讀者、一起思考記憶術的學生，以及長期支持本系列的讀者，藉此機會致上衷心的感謝。真的非常謝謝大家。

2018 年 9 月

原口秀昭

知識要用吸收的！美貴

小心骨折和中性化喔！阿旭

海綿阿旭

多孔質

水灰比太大了

緻密

目次　　　　　　　　　　　CONTENTS

Q 鋼筋混凝土的耐久性指標，在標準使用級的情況下，計畫使用期限
大約是幾年？

▼

A 大約65年。

使用是指提供給多人用，使用期限幾乎與耐用年限的意思相同，下
圖的使用級別是參考JASS 5的規定。計畫使用期限是在規劃設計時
預定的鋼筋混凝土耐用年限，決定鋼筋的保護層厚度和混凝土的強
度等級後，級別也隨之改變。先記住標準為65年，長期為100年。

結構體的計畫使用期限

計畫使用期限的級別	計畫使用期限
短期使用級	大約30年
標準使用級	大約65年
長期使用級	大約100年
超長期使用級	大約200年

65歲是標準

100歲是長壽！

Q SD345、SR295 的記號是什麼意思？

▼

A SD是竹節鋼棒（竹節鋼筋）、SR是圓鋼筋，345、295 的數字表示降伏強度（N/mm²）。

■ <u>SD是竹節鋼棒（竹節鋼筋）、SR是圓鋼筋</u>。後面的數字表示<u>降伏強度</u>。SD345是保證降伏強度有 345N/mm² 以上。若降伏點不明確，會以承載力取代降伏點（參見次頁）。

直徑約 10mm 的竹節鋼棒以 <u>D10</u> 表示，直徑為 9mm 的圓鋼筋以 <u>φ9</u> 表示。竹節鋼棒的直徑並不明確，所以使用重量相等的圓鋼筋直徑表示。

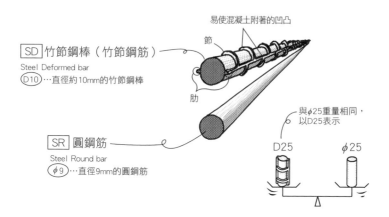

易使混凝土附著的凹凸

節

SD 竹節鋼棒（竹節鋼筋）
Steel Deformed bar
D10 …直徑約10mm的竹節鋼棒

肋

與φ25重量相同，以D25表示

D25　　　φ25

SR 圓鋼筋
Steel Round bar
φ9 …直徑9mm的圓鋼筋

- D10的D是diameter（直徑）的縮寫。
- φ（fai）是常用以表示直徑的希臘字母。工地現場常有人把φ與π（pai）搞混，要特別注意。

Q 抗拉強度、降伏強度、承載力是什麼？

▼

A 抗拉強度是最大拉應力，降伏強度是彈性限界下產生塑性化的拉應力，承載力則是在一定殘留應變下的拉應力。

抗拉強度是拉應力的最大值（$\sigma-\varepsilon$ 圖的最高點），<u>降伏強度是彈性限界的應力</u>（降伏平台的高度），<u>承載力</u>為 0.1%（0.2%）等殘留應變下的應力。$\sigma-\varepsilon$ 圖不是漂亮的直線，而是有應變殘留的變形曲線時，<u>以 0.1% 承載力等取代降伏強度</u>。不鏽鋼等降伏點不明確時，就是以承載力來取代降伏強度，彎曲或加熱的鋼也有同樣的變形情況（關於應力、降伏強度參見 R130）。

應力－應變曲線（$\sigma-\varepsilon$ 圖）

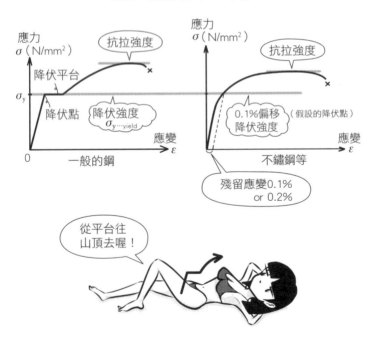

Q 日本工業標準 JIS 規格的鋼筋，若有1個突起標記是表示什麼？

▼

A 是 SD345 的壓延標記（識別記號）。

煉鋼廠壓延（將加熱軟化的鐵擠壓延伸）時，若附著在鋼筋上的<u>壓延標記</u>如下圖為1個突起，即為 SD345。此外，附在整束鋼筋上的<u>標籤</u>、整體的<u>檢查證明書</u>或塗在鋼筋端面的顏色等，都能作為分辨製品的標記。

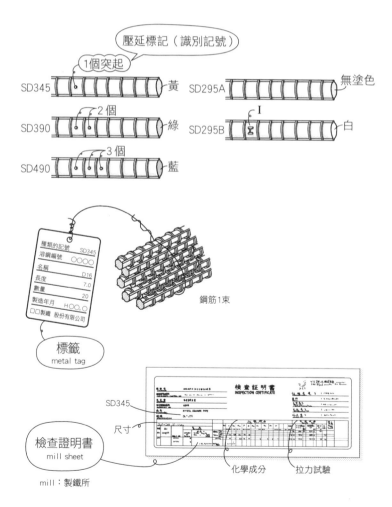

壓延標記（識別記號）

1個突起

SD345 —— 黃　　SD295A —— 無塗色

2個

SD390 —— 綠　　SD295B —— 白

3個

SD490 —— 藍

鋼筋1束

標籤
metal tag

SD345

尺寸

檢查證明書
mill sheet

化學成分　　拉力試驗

mill：製鐵所

2

鋼筋材

Q 附著在鋼筋上的薄紅鏽需要去除嗎？

▼

A 不必，就這樣保留下來，它會讓鋼筋與混凝土之間的附著良好。

🧊 薄薄的<u>紅鏽</u>會讓鋼筋與混凝土之間附著良好，因此不必去除也
　OK。若是變成粉狀或厚重皮狀的紅鏽混雜在混凝土中，會讓鋼筋
　與混凝土之間的附著不良，需要用<u>鋼絲刷</u>或<u>尖嘴錘</u>去除。

・立在樓板上的柱主筋或牆筋，會有硬化的砂漿附著在上面，也可以用鋼絲刷或
　尖嘴錘去除。
・鋼骨造的柱梁，在高拉力螺栓接合部位、混凝土埋設部位都是以薄紅鏽的狀態
　來施工，不需要進行防鏽塗裝。若進行防鏽塗裝，會讓摩擦消失，造成鋼筋與
　混凝土之間的附著不良。

Q 鋼筋進行彎曲加工時需要一邊加熱嗎？

▼

A 在常溫（冷鍛）下進行。

加熱的話鋼會變硬，失去韌性。因此，鋼筋的彎折、切斷都必須在常溫下進行。常溫加工也可說是冷鍛加工。彎折時使用<u>自動鋼筋彎折機</u>（bar bender，鋼筋彎曲機），切斷時使用<u>電動鋼筋油壓剪</u>（shear cutter，截斷機）或<u>冷鍛直角切斷機</u>。

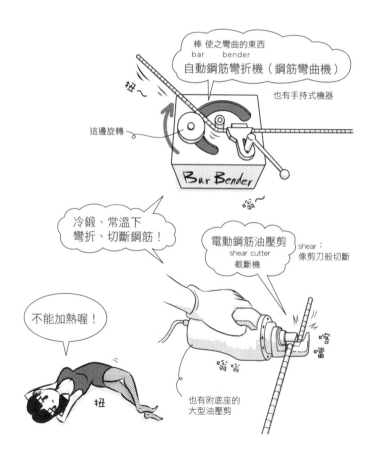

棒 使之彎曲的東西
bar　　bender
自動鋼筋彎折機（鋼筋彎曲機）

也有手持式機器

扭～

這邊旋轉

Bar Bender

冷鍛、常溫下
彎折、切斷鋼筋！

電動鋼筋油壓剪
shear cutter
截斷機

shear：
像剪刀般切斷

不能加熱喔！

扭

也有附底座的
大型油壓剪

3

鋼筋的加工・組立

Q 上下層的柱寬不同時，可以將主筋彎折嗎？

▼

A 可以在梁深的範圍內將主筋彎折。

在RC造中，柱通常越往上層越細。主筋為連續時必須彎折，但<u>彎折要在梁深範圍內進行</u>。如下圖左，若在梁深外的範圍也有彎折，柱的主筋會比本來的位置更往內側。當柱受到彎曲的力量時，越外側鋼筋的抵抗力越強，越往內側則鋼筋的效果越弱。柱的粗細與梁深相比在一定程度以上時，不要使之連續，改以上下層主筋分別錨定的方式處理。

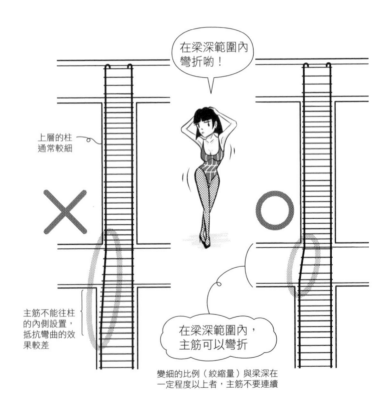

在梁深範圍內
彎折喲！

上層的柱
通常較細

主筋不能往柱
的內側設置，
抵抗彎曲的效
果較差

在梁深範圍內，
主筋可以彎折

變細的比例（絞縮量）與梁深在
一定程度以上者，主筋不要連續

Q 如何進行柱主筋的鋼筋修正？

▼

A 敲開混凝土，讓主筋和緩地彎曲。

鋼筋修正是指已澆置混凝土的鋼筋或錨定螺栓的位置進行彎曲修正。原則上不要有鋼筋修正比較好，若不得已需要進行時不要突然彎折，而是將混凝土敲開，和緩地將之彎曲。彎曲時不要加熱，應在常溫下（冷鍛）進行。若把鋼加熱，就會失去韌性且變硬變脆。

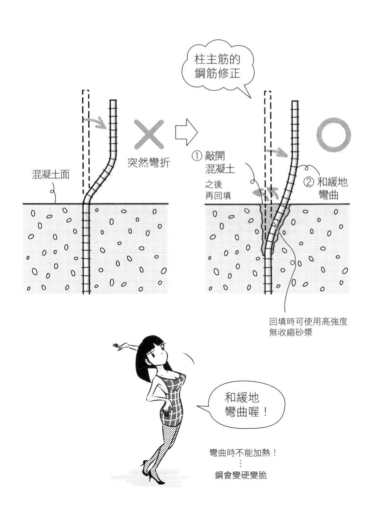

柱主筋的
鋼筋修正

混凝土面

突然彎折

① 敲開
混凝土

之後
再回填

② 和緩地
彎曲

回填時可使用高強度
無收縮砂漿

和緩地
彎曲喔！

彎曲時不能加熱！
⋮
鋼會變硬變脆

Q 鋼筋組立後，若要在樓板上進行作業，如何養護？

▼

A 在通路上設置人行踏板，柱主筋、牆筋（壁筋）的上端蓋上塑膠製保護蓋。

如下圖，走在<u>人行踏板</u>上，鋼筋就不會亂掉。為了與上方樓層的鋼筋續接，柱主筋和牆筋呈垂直向上的狀態。澆置混凝土後，樓板上垂直向上的鋼筋很容易刮到皮膚或勾到衣服，因此蓋上黃色等的<u>塑膠製保護蓋</u>較安全。

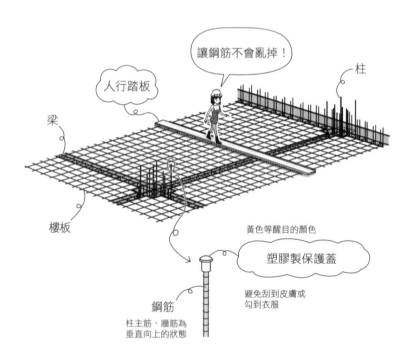

讓鋼筋不會亂掉！

柱

人行踏板

梁

樓板

黃色等醒目的顏色

塑膠製保護蓋

避免刮到皮膚或勾到衣服

鋼筋

柱主筋、牆筋為垂直向上的狀態

Q 柱使用D35、梁主筋為L型時，一邊的施工尺寸容許誤差是多少？

▼

A 主筋為D29以上時，為±20mm。

日本鋼筋的施工尺寸容許誤差如下表所示，在JASS 5「配筋指南」中有規定。主筋為D29以上者，施工尺寸容許誤差為±20mm。

施工尺寸容許誤差　　（JASS 5、單位：mm）

項目			符號	容許誤差
各施工尺寸	主筋	D25以下	a、b	±15
		D29以上、D41以下	a、b	±20
	肋筋、箍筋、螺旋箍筋		a、b	±5
施工後的全長			ℓ	±20

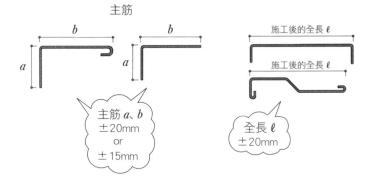

主筋

主筋 a、b
±20mm
or
±15mm

全長 ℓ
±20mm

3

鋼筋的加工・組立

Q 箍筋的施工尺寸容許誤差是多少？

▼

A ±5mm。

■ 箍筋（hoop）、肋筋（stirrup，U型箍筋）、螺旋箍筋（spiral hoop，層層圍繞的箍筋）的施工尺寸容許誤差為±5mm。箍筋、肋筋接近混凝土的表面，些許的誤差都會對保護層厚度產生重大影響，因此必須比主筋的設定更嚴謹。

箍筋、肋筋、螺旋箍筋施工尺寸的容許誤差

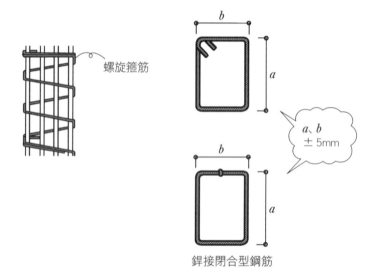

螺旋箍筋

a、b ±5mm

銲接閉合型鋼筋

Q 使用竹節鋼筋為主筋時，末端需要彎鉤嗎？

▼

A 只有凸角（外角）部分需要彎鉤。

原則上鋼筋末端都會設置<u>彎鉤</u>。這是為了讓混凝土確實地錨定，增加握裹力，使之不易拔除，也不會移動。但若是使用鋼筋表面附有凹凸的竹節鋼筋，原本就不易拔除和移動，因此某些情況下不設置彎鉤也OK。一定要使用彎鉤的例外是柱梁的角隅部分（凸角部分）。因為鋼筋周圍的混凝土較少，容易因滑動而產生<u>握裹力劈裂破壞</u>。

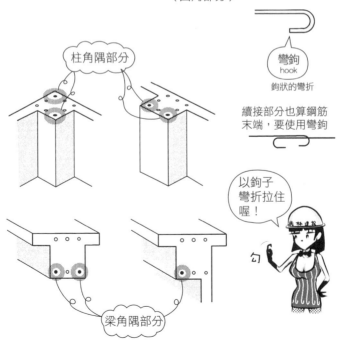

圓鋼筋的末端部分 → 全部要有彎鉤

竹節鋼筋的末端部分 → 只有柱梁角隅部分要有彎鉤，其他可省略（凸角部分）

彎鉤
hook
鉤狀的彎折

續接部分也算鋼筋末端，要使用彎鉤

柱角隅部分

梁角隅部分

以鉤子彎折拉住喔！

ㄅ

3

鋼筋的加工・組立

● 圓柱沒有四角，可以省略彎鉤。

Q D19的彎鉤需要多少的彎曲淨直徑？

▼

A 需要4×19=76mm以上。

彎曲直徑較小時，內部的混凝土量隨之減少，作用在該處的單位面積的力（部分作用的壓應力＝支承壓應力）也會變大，混凝土容易被破壞。鋼筋的強度越大、直徑越粗，彎曲直徑的規定就會越大。SD345<u>使用D19時，淨直徑需要4*d*以上</u>，也就是4×19=76mm以上。

鋼筋的彎曲形狀・尺寸　　　　　　　　　　　　（JASS 5）

圖	彎曲角度	鋼筋種類	以鋼筋直徑區分	鋼筋的彎曲淨直徑（D）
180° D	180°	SR235 SR295 SD295A	16ϕ以下 D16以下	3d以上
135° D	135°			
90° D	90°	SD295B SD345	19ϕ D19～ D41	4d以上

d：使用在圓鋼筋為直徑，用於竹節鋼筋則為通稱數值
D19的D與彎曲淨直徑的 *D* 兩者意義不同（JASS 5）

不可突然彎折！

Q 鋼筋的彎曲淨直徑會因為彎曲角度而改變嗎？

▼

A 不會改變。

雖然容易誤解，<u>但彎曲淨直徑 D 並不會隨彎曲角度改變</u>。鋼筋越粗，所作用的力越大，當直徑越大，進入直徑內的混凝土就越多。<u>留設長度則會隨著角度改變</u>。與180°的彎鉤相比，90°的彎鉤更容易拔除，因此90°彎鉤的留設長度較長。

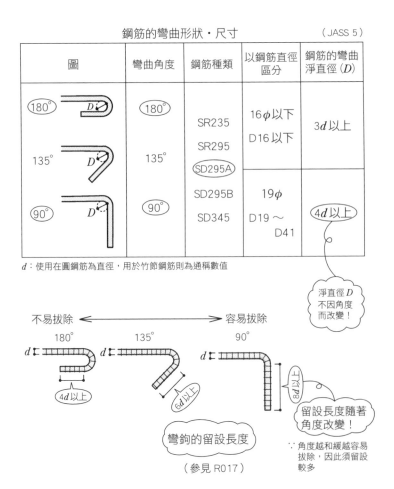

鋼筋的彎曲形狀・尺寸　　　　　　　　（JASS 5）

圖	彎曲角度	鋼筋種類	以鋼筋直徑區分	鋼筋的彎曲淨直徑 (D)
180°	180°	SR235 SR295 SD295A	16φ以下 D16以下	3d以上
135°	135°			
90°	90°	SD295B SD345	19φ D19～ D41	4d以上

d：使用在圓鋼筋為直徑，用於竹節鋼筋則為通稱數值

淨直徑 D 不因角度而改變！

不易拔除 ◄─────────────► 容易拔除

180°　　　　135°　　　　90°

d　　　　d　　　　d

4d以上　　　6d以上　　　8d以上

彎鉤的留設長度

（參見 R017）

留設長度隨著角度改變！

∵角度越和緩越容易拔除，因此須留設較多

3
鋼筋的加工・組立

Q 箍筋、肋筋末端的彎鉤角度是多少？

▼

A 彎鉤135°以上。

箍筋、肋筋都是圍繞在主筋四周，確實予以固定的鋼筋。錨定則是讓鋼筋不易拔除，確實固定。在主筋上會使用彎鉤，使之與主筋固定在一起，形成不易脫落的輪狀。90°彎鉤會有脫落的危險，因此必須使用135°以上的彎鉤。除了135°的彎鉤，也有銲接而成的銲接閉合型鋼筋。

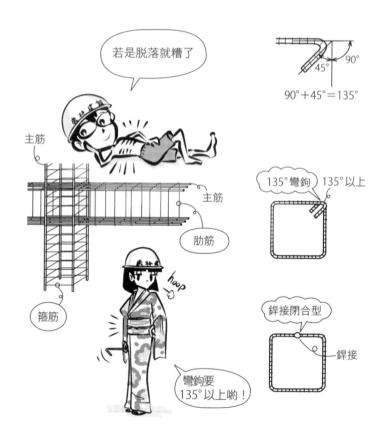

Q 相鄰的箍筋、肋筋，彎鉤可以設置在相同位置上嗎？

▼

A 不可以，會成為強度上的弱點。

若彎鉤在同一位置，會成為強度上的弱點。箍筋、肋筋的彎鉤應如下圖所示，以交錯方式配置。箍筋以對角線方式交錯，或四角順序輪流設置。肋筋則是左右交錯。若為U字型鋼筋，上下交錯配置。

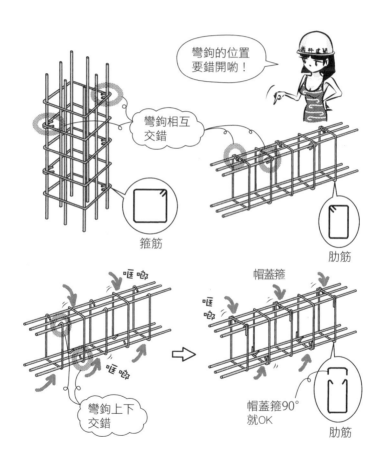

3

鋼筋的加工・組立

Q D13的箍筋端部為135°彎鈎時，留設長度需要多少？

▼

A 需要6×13=78mm以上。

留設長度是指設置多餘的、足夠的長度。彎鈎的留設長度與鋼的強度無關，如下圖所示，4*d*、6*d*、8*d*是以形狀來決定。箍筋、肋筋使用135°彎鈎時，留設長度為6*d*以上，D13（通稱13mm，有凹凸而非圓形）表示需要6×13=78mm以上。彎曲部分的淨直徑依SD345、SD390等鋼筋種類而異，鋼筋的降伏強度越大，淨直徑就會越大。

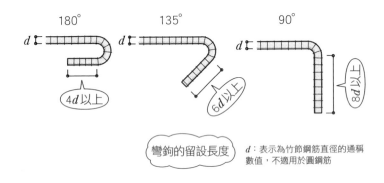

| 180° | 135° | 90° |

彎鈎的留設長度

d：表示為竹節鋼筋直徑的通稱數值，不適用於圓鋼筋

越容易拔除就越長喲！

螺旋狀的箍筋（螺旋箍筋）　　　從箍筋的形狀聯想到6

留設長度

Q 在樓板有無的情況下，帽蓋箍端部的彎鉤角度、留設長度分別是多少？

▼

A 有樓板的一側，90°彎鉤的留設長度為8*d*；無樓板的一側則是135°彎鉤，留設長度6*d*。

帽蓋箍（cap-tie）是指像蓋子一樣，作為組成肋筋一部分的鋼筋（繫筋）。在有樓板的一側，鋼筋周圍的混凝土量較多，可以使用90°彎鉤。90°彎鉤容易拔除，留設長度為8*d*。沒有樓板的一側則是135°彎鉤，留設長度6*d*。

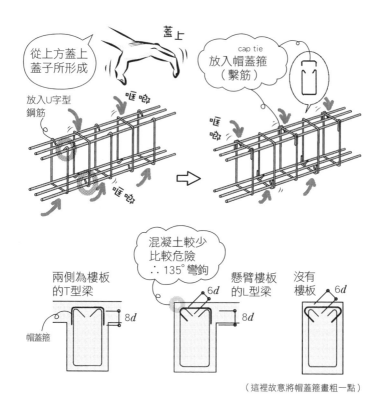

（這裡故意將帽蓋箍畫粗一點）

- cap-tie：以蓋子（cap）作為鎖固（tie）的零件。tie即necktie（領帶）的tie。
- T型梁、L型梁：與樓板一體化的梁。樓板的一部分也視為梁進行結構計算。

Q 箍筋與柱主筋可以使用點銲來固定嗎？

▼

A 不可以，容易脫離。用退火鐵絲綁紮固定即可。

鋼筋交叉部分的點銲，因為銲接部分較小容易脫離，鋼在急熱急冷的情況下，也容易變硬變脆。使用電弧放電的熱能進行銲接，稱為電弧銲接；瞬間的電弧飛濺，稱為弧擊（arc strike）。弧擊是在急熱急冷下產生的銲接缺陷。因此，鋼筋交叉部分不能使用點銲或產生弧擊。若交叉的鋼筋直徑為0.8~0.85mm，使用退火鐵絲綁紮固定。若為同方向的鋼筋，可使用喇叭形銲接（參見R058）。

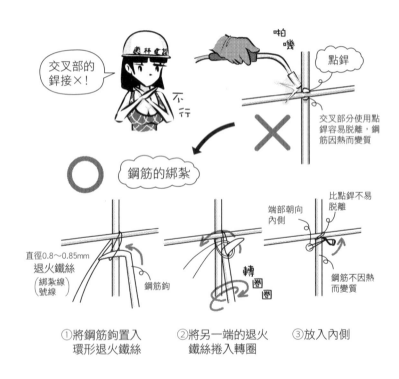

- 退火鍛燒：指加熱後緩慢冷卻。鋼鍛燒之後會變得比較柔軟。
- 號線：以號碼表示粗細的鋼絲。12號線簡稱號線。
- 粗直徑的鋼筋綁紮，需要使用0.8~0.85mm的退火鐵絲2~3根，或是2~3mm的粗退火鐵絲。

Q 柱主筋與箍筋的綁紮，進行綁紮的數量大概是多少？

▼

A 四角是全部綁紮，其他則為半數以上要進行綁紮。

柱、梁的四角交點是很重要的位置，不可偏離，因此全部綁紮；其他如柱、梁、牆壁、樓板（參見次頁）的交點，標準是要綁紮半數以上。退火鐵絲殘留的部分，為了防止生鏽及避免危險，不要露出混凝土表面，往構材內部彎折。

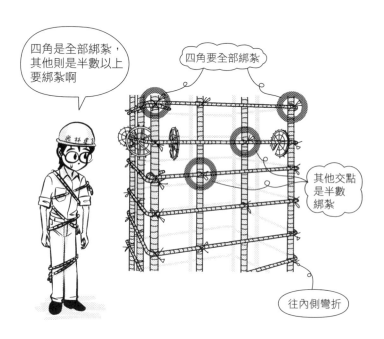

Q 樓板的主筋與配力筋的綁紮，進行綁紮的數量大概是多少？

▼

A 半數以上的交點，平均進行綁紮。

如前項所述，樓板、牆壁的綁紮為交點的半數以上。樓板是以短跨距的短邊方向承受較大負荷，因此短邊方向為主筋、長邊方向為配力筋（副筋）。

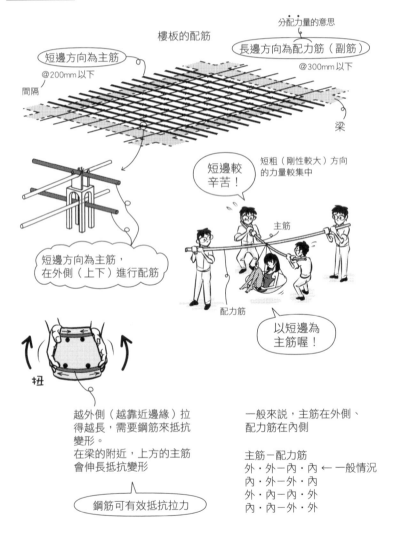

樓板的配筋

分配力量的意思

短邊方向為主筋
@200mm以下
間隔

長邊方向為配力筋（副筋）
@300mm以下

梁

短邊較
辛苦！

短粗（剛性較大）方向
的力量較集中

主筋

短邊方向為主筋，
在外側（上下）進行配筋

配力筋

以短邊為
主筋喔！

扭

越外側（越靠近邊緣）拉
得越長，需要鋼筋來抵抗
變形。
在梁的附近，上方的主筋
會伸長抵抗變形

一般来説，主筋在外側、
配力筋在內側

主筋－配力筋
外・外－內・內 ← 一般情況
內・外－外・內
外・內－內・外
內・內－外・外

鋼筋可有效抵抗拉力

Q 柱主筋 D25 的鋼筋之間，粗骨材最大尺寸為 20mm 時，間隙需要多少 mm？

▼

A 直徑的 1.5 倍以上、粗骨材最大尺寸的 1.25 倍以上，且於 25mm 以上，因此需要 37.5mm 以上。

鋼筋之間的間隙越小，粗骨材（礫石）越容易堵塞，混凝土（新拌混凝土）無法順利流動。鋼筋間的混凝土變薄，鋼筋與混凝土無法一體化，會產生結構上的問題。因此，鋼筋之間的間隙必須為直徑的 1.5 倍以上、粗骨材最大尺寸的 1.25 倍以上，且於 25mm 以上。25×1.5=37.5mm 以上，20×1.25=25mm 以上，且於 25mm 以上，因此需要 37.5mm 以上。

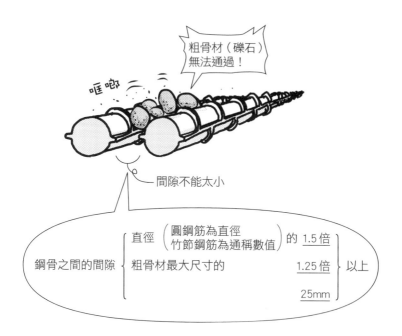

粗骨材（礫石）無法通過！

哇啷

間隙不能太小

鋼骨之間的間隙 ⎰ 直徑（圓鋼筋為直徑 竹節鋼筋為通稱數值）的 1.5 倍 ⎱ 以上
粗骨材最大尺寸的 1.25 倍
25mm

3

鋼筋的加工・組立

Q 柱主筋D19的鋼筋之間，粗骨材最大尺寸為20mm時，間隙需要多少mm？

▼

A 19×1.5＝28.5mm以上，20×1.25＝25mm以上，且於25mm以上，因此需要28.5mm以上。

■ 柱主筋的間隙，不管在混凝土易於流動的施工性上，或者鋼筋與混凝土一體化的結構面上，都很重要。再來練習一次計算方式吧。

混凝土由中央往周圍流動

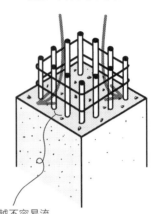

主筋的間隙越小，混凝土越不容易流至周圍。
主筋之間的混凝土越少，鋼筋與混凝土的一體性越弱

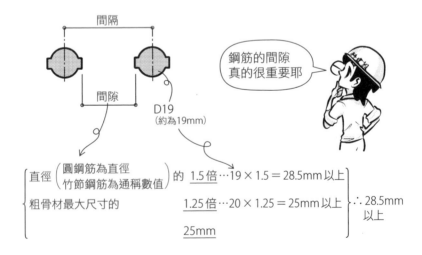

間隔

間隙

D19
(約為19mm)

鋼筋的間隙真的很重要耶

$$\left\{ \begin{array}{l} \text{直徑}\left(\begin{array}{l} \text{圓鋼筋為直徑} \\ \text{竹節鋼筋為通稱數值} \end{array} \right) \text{的} \quad \underline{1.5倍} \cdots 19 \times 1.5 = 28.5mm以上 \\[2ex] \text{粗骨材最大尺寸的} \quad \underline{1.25倍} \cdots 20 \times 1.25 = 25mm以上 \\[2ex] \qquad\qquad\qquad\qquad \underline{25mm} \end{array} \right\} \quad \therefore 28.5mm \\ 以上$$

Q 柱鋼筋的混凝土保護層厚度，是主筋外側至混凝土表面的最短距離嗎？

▼

A 不是。保護層厚度不是從主筋外側開始計算，而是從箍筋開始計算。

鋼筋外側覆蓋的混凝土厚度稱為保護層。一般是計算最外側的鋼筋至混凝土表面的距離，柱的話是指箍筋，梁的話是從肋筋表面開始測量。

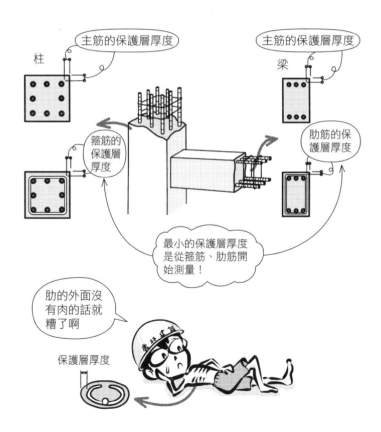

主筋的保護層厚度

主筋的保護層厚度

柱

梁

箍筋的保護層厚度

肋筋的保護層厚度

最小的保護層厚度是從箍筋、肋筋開始測量！

肋的外面沒有肉的話就糟了啊

保護層厚度

4
保護層厚度

● 說到保護層厚度，一般是指最小值。保護層厚度若為60mm以上，是指最小值，也就是最外側鋼筋的保護層厚度至少要有60mm以上。

Q 柱鋼筋的混凝土保護層厚度，是箍筋中心至混凝土表面的最短距離嗎？

▼

A 不是。不是從箍筋中心開始計算，而是從外側表面至混凝土表面的最短距離。

柱、梁鋼筋的保護層厚度，都是從箍筋、肋筋的<u>外側</u>至混凝土表面的最短距離。不是從中心開始計算。

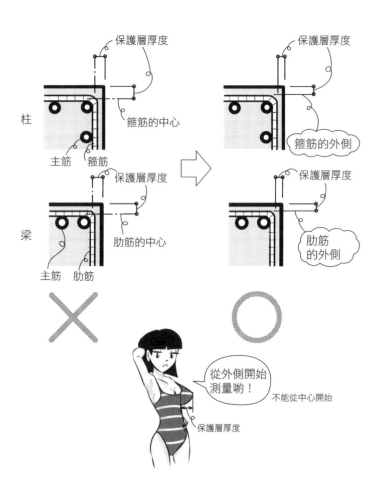

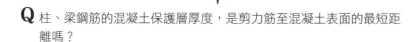
Q 柱、梁鋼筋的混凝土保護層厚度,是剪力筋至混凝土表面的最短距離嗎?

▼

A 是的,剪力筋就是指箍筋、肋筋。

剪力作用如交錯的平行四邊形,箍筋、肋筋會如下圖所示進行抵抗,因此也可稱為剪力筋。由於圍繞在主筋外側,由此至混凝土表面的距離就是保護層厚度。關於箍筋、肋筋在結構上的作用,請牢牢記住吧。

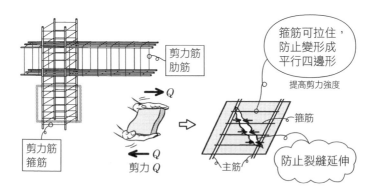

如下圖所示,箍筋將內側的主筋與混凝土拘束住,在結構上扮演相當重要的角色。

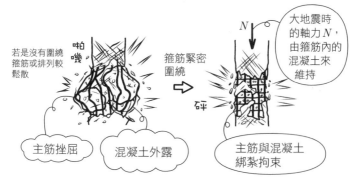

- 筆者一直無法理解直角圍繞的箍筋、肋筋為什麼是用來抵抗剪力,數度聽取RC結構學者的演講。直至試著畫出平行四邊形,才慢慢理解。若想了解桁架結構進一步的破壞模式,請參見拙著《圖解RC造+S造練習入門》頁95。

Q 鋼筋為什麼要有混凝土的保護層厚度？

▼

A 需要保護層的原因，包括防止鋼筋外側的混凝土剝離或龜裂、避免混凝土<u>中性化</u>造成鋼筋生鏽、作為鋼筋的<u>耐火被覆</u>、讓礫石在鋼筋外側易於流動、使鋼筋與混凝土一體化而力量易於傳導等。

保護層小而薄，會導致混凝土剝離或龜裂。此外，二氧化碳會使表面開始中性化，進而讓鋼筋生鏽膨脹，混凝土產生爆裂。火災的熱會使鋼筋弱化，混凝土的礫石容易堵塞。主筋的保護層若較薄，在拉、壓力作用時，外側的混凝土容易破壞，主筋與混凝土失去一體性。除了施工性之外，保護層厚度也是耐久性和承載力的重要指標。

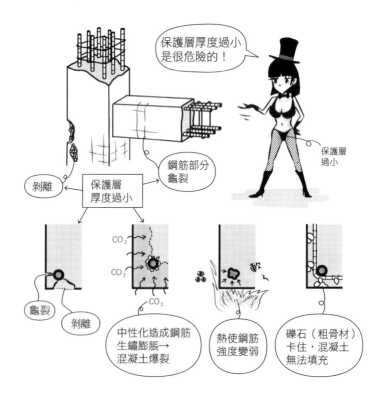

保護層厚度過小
是很危險的！

鋼筋部分
龜裂

剝離　保護層
　　　厚度過小

保護層
過小

龜裂

剝離

CO_2
CO_2
CO_2

中性化造成鋼筋
生鏽膨脹→
混凝土爆裂

熱使鋼筋
強度變弱

礫石（粗骨材）
卡住，混凝土
無法填充

● 關於內力，參見R130。

Q 為了避免柱的混凝土產生握裏力劈裂破壞，角隅部分的主筋應該粗
還是細？

▼

A 細鋼筋與混凝土的接觸面積較少，可避免握裏力劈裂破壞。

在柱的角落部分，鋼筋四周的混凝土較薄，容易開裂。粗鋼筋受到
上下的拉力、壓力作用時，與混凝土的接觸面容易滑動而破壞。由
於是與混凝土黏著的部分產生裂縫開裂等破壞，稱為握裏力劈裂破
壞。因小變形而一口氣破壞，為脆性破壞。脆性表示沒有柔韌度，
與韌性的性質相反。細鋼筋較不易產生握裏力劈裂破壞。

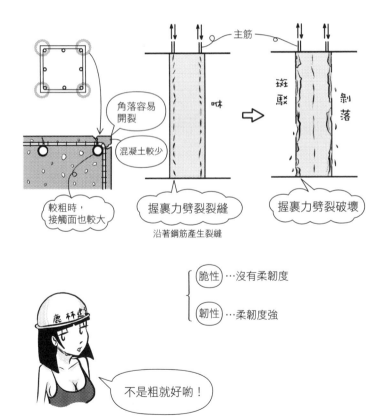

沿著鋼筋產生裂縫

Q 柱主筋為D29以上時，主筋的保護層厚度必須是直徑的幾倍以上？

▼

A 必須是直徑的1.5倍，也就是1.5d以上。

如前項所述，粗主筋容易造成握裹力劈裂裂縫或握裹力劈裂破壞。因此，柱或梁的主筋使用D29以上時，<u>柱梁主筋的保護層厚度必須確保在1.5d以上</u>（共說）。若是D29，主筋的保護層厚度必須是29×1.5=43.5mm以上。若箍筋為D10，箍筋的保護層厚度必須是43.5－10=33.5mm以上。

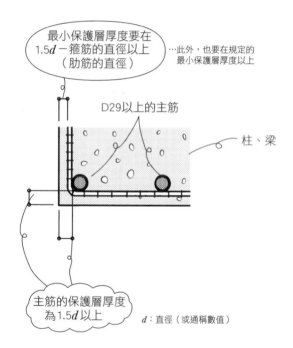

最小保護層厚度要在
1.5d－箍筋的直徑以上
（肋筋的直徑）

…此外，也要在規定的
最小保護層厚度以上

D29以上的主筋

柱、梁

主筋的保護層厚度
為1.5d以上

d：直徑（或通稱數值）

Q 牆壁的施工縫部分,其保護層厚度也是混凝土表面至鋼筋外側表面的最短距離嗎?

▼

A 不是。是接縫底至鋼筋外側表面的最短距離。

混凝土澆置是從1樓的地板→2樓的地板……依序往上。水容易滲入接續面,因此必須事先在接縫製作一個溝槽,之後再密封起來。混凝土表面至接縫底的混凝土稱為<u>加鋪</u>,對結構沒有影響。因此,<u>鋼筋的保護層厚度要從接縫底開始測量</u>。

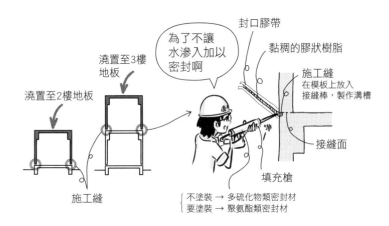

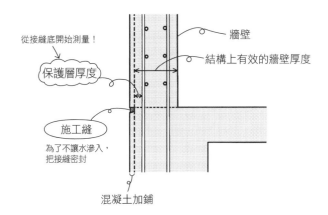

● 裂縫誘發縫、收縮縫部分,同樣是從接縫底開始測量。

Q 基礎鋼筋的混凝土保護層厚度，包含打底混凝土嗎？

▼

A 不包含打底混凝土。

打底混凝土是為了進行墨線標記、配筋、模板等工程所澆置的混凝土。結構體的混凝土與打底混凝土之間會有水滲入，因此保護層厚度不會包含打底混凝土的厚度。

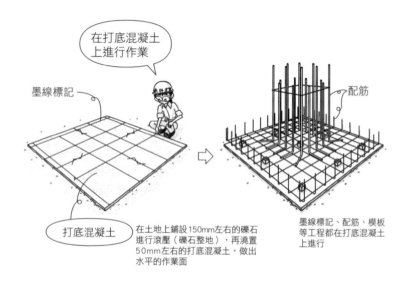

在打底混凝土上進行作業

墨線標記

打底混凝土

在土地上鋪設150mm左右的礫石進行滾壓（礫石整地），再澆置50mm左右的打底混凝土，做出水平的作業面

配筋

墨線標記、配筋、模板等工程都在打底混凝土上進行

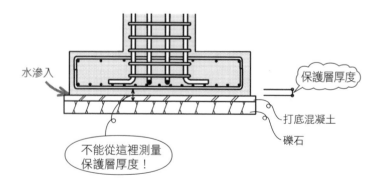

水滲入

保護層厚度

打底混凝土

礫石

不能從這裡測量保護層厚度！

Q 基礎裡包含樁頭時，基礎鋼筋的混凝土保護層厚度，是鋼筋表面至基礎底面的最短距離嗎？

▼

A 不是。並非到基礎底面，而是鋼筋表面至樁頭的最短距離。

如下圖所示，樁頭常包含在基腳內，形成突出在打底混凝土之上的形式。基礎與樁頭之間會有水滲入，因此基礎的鋼筋保護層厚度是從樁頭開始測量。

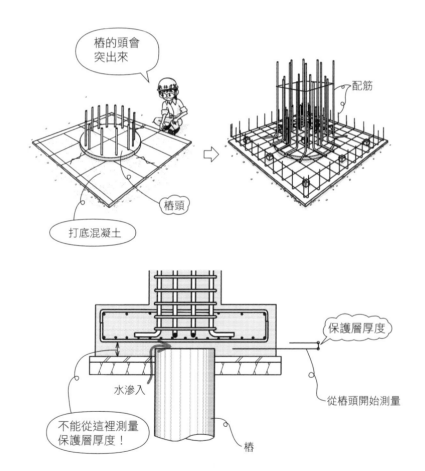

Q 接觸地面的基礎部分的鋼筋，最小保護層厚度是多少？（計畫使用期限為標準）

▼

A 最小保護層厚度是60mm。

🟦 鋼筋的最小保護層厚度如下表所示。可以得知<u>基礎的最小保護層厚度是60mm</u>。

（JASS 5）

鋼筋的最小保護層厚度 （mm）		標準、長期 ←── 計畫使用期限	
		屋內	屋外
結構部位	樓板、屋頂板	㉚ 20	30
	柱、梁、承重牆	㉚ 30	40
與地面接觸的柱、梁、牆、 樓板、獨立基礎的直立部位		㊵ 40	
基　礎		㉛ 60	

就以2、3、4、6cm來記吧！

· 日本建築基準法施行令79條的規定沒有分屋內外，JASS 5則如上述，屋外＝屋內＋10mm。非結構部位若是要有與結構部位相同的耐久性，跟樓板同樣以20mm、30mm為標準。
· 與地面接觸的部位和基礎的數值，不分計畫使用期限，以40mm、60mm為標準。

Q 設計保護層厚度是最小保護層厚度加上多少mm？（計畫使用期限
為標準）

▼

A 加上10mm。

如下表所示，<u>最小保護層厚度加上10mm施工誤差的數值，就是設
計保護層厚度</u>，以此進行設計及施工。例如基礎的最小保護層厚度
為60mm，設計保護層厚度就是60+10=70mm。

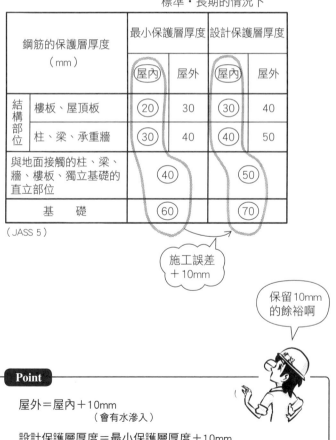

標準・長期的情況下

鋼筋的保護層厚度 （mm）		最小保護層厚度		設計保護層厚度	
		屋內	屋外	屋內	屋外
結構部位	樓板、屋頂板	20	30	30	40
	柱、梁、承重牆	30	40	40	50
與地面接觸的柱、梁、牆、樓板、獨立基礎的直立部位		40		50	
基　　礎		60		70	

（JASS 5）

施工誤差
＋10mm

保留10mm
的餘裕啊

Point

屋外＝屋內＋10mm
　　　　　（會有水滲入）

設計保護層厚度＝最小保護層厚度＋10mm
　　　　　　　　　　　　（施工誤差）

4

保護層厚度

Q 屋內柱的箍筋，最小保護層厚度與設計保護層厚度是多少？（計畫使用期限為標準）

▼

A 最小保護層厚度是30mm，設計保護層厚度是30+10=40mm。

屋內柱的鋼筋最小保護層厚度，在計畫使用期限為標準或長期的情況下，為30mm。再加上施工誤差的10mm，設計保護層厚度是40mm。

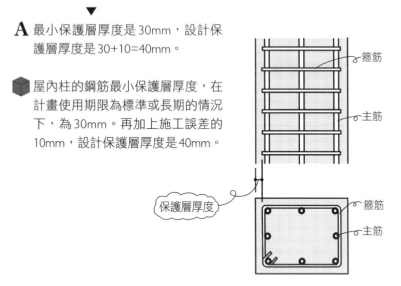

箍筋
主筋

保護層厚度

箍筋
主筋

標準‧長期的情況下

鋼筋的保護層厚度（mm）		最小保護層厚度		設計保護層厚度	
		屋內	屋外	屋內	屋外
結構部位	樓板、屋頂板	20	30	30	40
	柱、梁、承重牆	30	40	40	50
與地面接觸的柱、梁、牆、樓板、獨立基礎的直立部位		40		50	
基 礎		60		70	

（JASS 5）

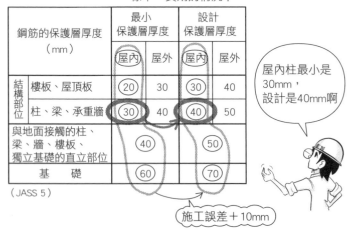

屋內柱最小是30mm，設計是40mm啊

施工誤差＋10mm

Q 若外牆塗裝可有效地維持其耐久性，屋外側的最小保護層厚度、設計保護層厚度可以減少多少mm？（計畫使用期限為標準）

▼

A 可以減少10mm。

如右圖所示，混凝土的外側會以磁磚、石材、砂漿、數層塗材（重疊好幾層塗料）等進行表面裝飾，因此可以將屋外的保護層厚度減少10mm。這是防止<u>中性化</u>（混凝土的鹼性跟二氧化碳或酸雨形成中性，容易使鋼筋鏽蝕）及水滲入。

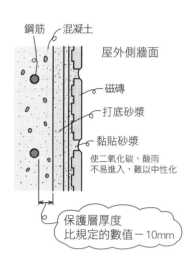

鋼筋　混凝土

屋外側牆面

磁磚

打底砂漿

黏貼砂漿

使二氧化碳、酸雨
不易進入，難以中性化

保護層厚度
比規定的數值－10mm

標準・長期的情況下

鋼筋的保護層厚度（mm）		最小保護層厚度		設計保護層厚度	
		屋內	屋外	屋內	屋外
結構部位	樓板、屋頂板	⑳	30	30	㊵
	柱、梁、承重牆	㉚	40	40	50
與地面接觸的柱、梁、牆、樓板、獨立基礎的直立部位		㊵		50	
基　礎		㉍		70	

（JASS 5）

磁磚
石材
砂漿
數層塗材
防水塗料（面漆）
等

有效塗裝下
可－10mm

跟屋內的保護層
厚度相同

4

保護層厚度

Q 進行梁的配筋時，為了確保保護層厚度，間隔物的間隔要多少？

▼

A 1.5m左右。

為了確保梁鋼筋的保護層厚度，需要配置如下圖的間隔物（間隔器）。間隔物要設置在距離端部1.5m以內，間隔1.5m左右。基礎梁也是以相同間隔設置。

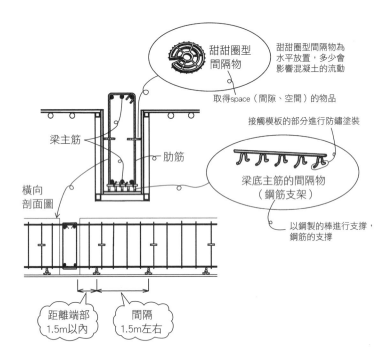

甜甜圈型間隔物

甜甜圈型間隔物為水平放置，多少會影響混凝土的流動

取得space（間隙、空間）的物品

梁主筋

肋筋

接觸模板的部分進行防鏽塗裝

梁底主筋的間隔物（鋼筋支架）

橫向剖面圖

以鋼製的棒進行支撐，鋼筋的支撐

距離端部1.5m以內

間隔1.5m左右

• 鋼筋支架（bar support）是用以支撐（support）鋼筋（bar）的物品，鋼筋的支撐，可作為「間隔物」的同義詞。

Q 進行樓板的配筋時，為了確保保護層厚度，間隔物的數量是多少？

▼

A 上端筋、下端筋同樣是1.3個/m² 左右。

一般來説，樓板鋼筋的鋼筋分成上下兩段，以如同鐵絲網的格子狀組合而成。為了讓鋼筋浮在模板上，會設置如下圖的間隔物。約以90cm見方放入1個左右，計算得出 1.3個/m² 左右。

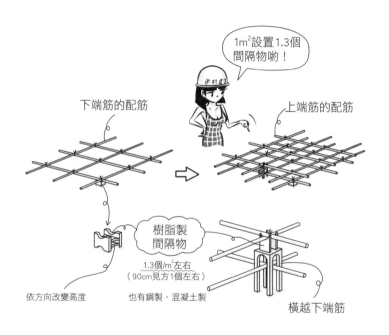

1m²設置1.3個間隔物喲！

下端筋的配筋　　　　　　　　　　　上端筋的配筋

樹脂製間隔物

1.3個/m²左右
（90cm見方1個左右）

依方向改變高度　　　也有鋼製、混凝土製

橫越下端筋

4

保護層厚度

樓板鋼筋

模板

從支撐樓板鋼筋的間隔物形狀聯想到1.3

1.3個/m²

Q 樓板或梁底部的間隔物，是否可以使用水泥砂漿製物品？

▼

A 這樣強度會不足，應使用混凝土製或經過防鏽處理的鋼製間隔物。

 間隔物接觸模板的部分，會成為混凝土的表面。為了防止鏽蝕，鋼製間隔物可使用進行塑料被覆或防鏽塗裝的製品。此外，目前的水泥砂漿製間隔物強度不足，應使用混凝土製。

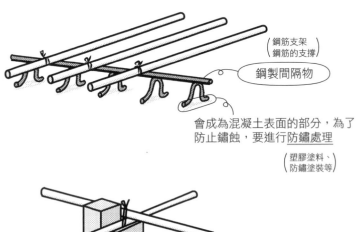

(鋼筋支架
  鋼筋的支撐)

鋼製間隔物

會成為混凝土表面的部分，為了
防止鏽蝕，要進行防鏽處理

(塑膠塗料、
  防鏽塗裝等)

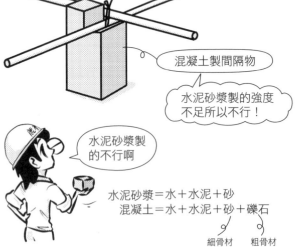

混凝土製間隔物

水泥砂漿製的強度
不足所以不行！

水泥砂漿製
的不行啊

水泥砂漿＝水＋水泥＋砂
混凝土＝水＋水泥＋砂＋礫石

細骨材　　粗骨材

Q 牆壁或樓板的開口補強筋，應該配置在牆筋、樓板鋼筋的內側還是外側？

A 為了確保保護層厚度，應在內側進行配筋。

牆壁或樓板的開口若是沒有補強，受到收縮或地震時的變形，會馬上產生裂縫。開口補強筋在開口周圍平行設置，轉角部分斜向配置D13等。<u>斜向配置時，應置於牆筋、樓板鋼筋的內側，以確保保護層厚度。</u>

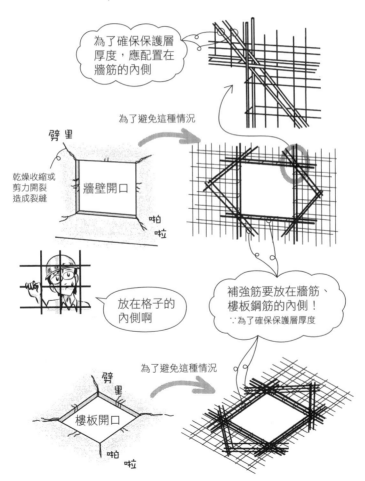

4

保護層厚度

Q 屋頂樓板凸角、凹角的補強筋，應該配置在屋頂樓板上端筋的上方還是下方？

▼

A 為了確保保護層厚度，應在上端筋的下方進行配筋。

屋頂樓板受到太陽熱能，會反覆進行膨脹收縮。寬廣的樓板受到較大的膨脹收縮作用，角落部分要在拉力的對角方向配置補強筋。樓板的鋼筋是縱橫交錯的格子狀，分成上端筋與下端筋兩段。若將補強筋放在上端筋的上方，保護層厚度會不足，因此要放在上端筋的下方。

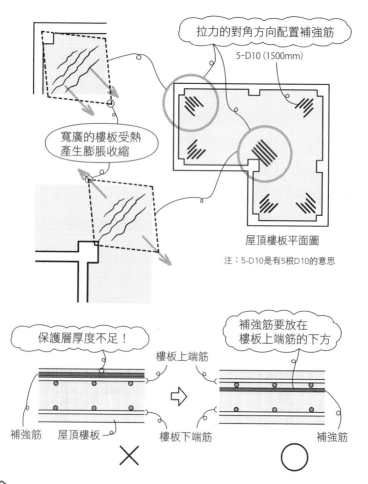

拉力的對角方向配置補強筋
5-D10 (1500mm)

寬廣的樓板受熱產生膨脹收縮

屋頂樓板平面圖

注：5-D10是有5根D10的意思

保護層厚度不足！

樓板上端筋

補強筋要放在樓板上端筋的下方

補強筋　屋頂樓板

樓板下端筋

補強筋

✕　　　　　　　　　⇒　　　　　　　　○

Q 梁主筋錨定在外柱時，梁的主筋要在外柱的哪個位置進行90°彎折？

▼

A 在越過柱的中心線位置進行90°彎折。

錨定是為了防止接合部位的鋼筋易於拔除，將一邊的鋼筋往另一邊的混凝土內延伸，確實埋設在一起，予以牢牢固定。錨定中最重要的是梁筋與外柱部分的錨定。<u>梁的主筋要越過柱的中心線位置進行90°彎折來錨定。</u>

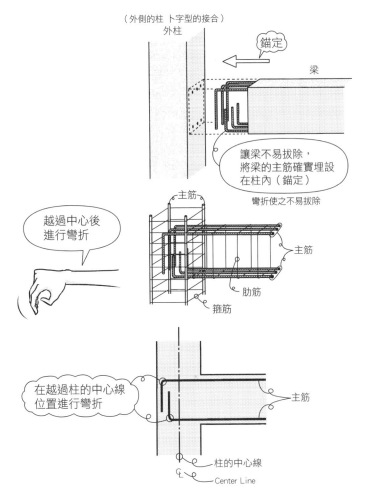

（外側的柱 卜字型的接合）
外柱

錨定

梁

讓梁不易拔除，
將梁的主筋確實埋設
在柱內（錨定）

彎折使之不易拔除

主筋

越過中心後
進行彎折

主筋

肋筋

箍筋

在越過柱的中心線
位置進行彎折

主筋

柱的中心線

Center Line

5

錨定

Q 梁主筋錨定在外柱時，投影錨定長度L_a是柱寬的幾倍？

▼

A 0.75倍（3/4倍）以上。

梁的下端筋往上彎折時較不容易破壞，韌性較佳。柱的上部在地震時受到較大的彎矩作用，容易破壞，因此在交會區錨定比較安全。不管是上端筋或下端筋，原則上都要在<u>交會區（梁柱接頭）</u>內錨定。

對於外圍的柱（外柱），上端筋、下端筋都要埋入柱寬（深）的<u>0.75倍（3/4倍）以上</u>。埋入的深度稱為<u>投影錨定長度</u>。

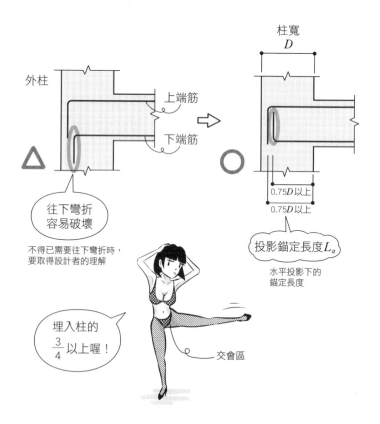

• 0.75倍以上是JASS 5的規定，配筋指南則是「原則上」需要越過柱心比較安全。

Q 如右圖在最上層梁的上端筋，以A作為
　　錨定長度嗎？

▼

A 不是。不是以A的全部，而是以垂直部
　　分作為錨定長度。

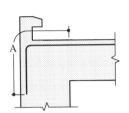

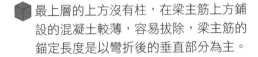

最上層的上方沒有柱，在梁主筋上方鋪
設的混凝土較薄，容易拔除，梁主筋的
錨定長度是以彎折後的垂直部分為主。

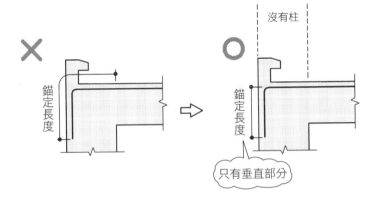

5

錨定

Q 內柱有梁穿過時，梁主筋可以直接貫穿柱進行配筋嗎？

▼

A 可以。

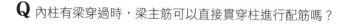

若為內柱，如下圖所示，一般都是<u>將梁主筋進行貫穿配筋</u>。外柱的梁主筋容易拔除，所以較危險，如 R043、R044 所述，梁主筋要彎折，並且確實埋設在柱內加以錨定。此外，若是內柱有單邊解體的情況，為了避免錨定長度過短，必須做出懸臂梁，以保留部分的梁主筋。

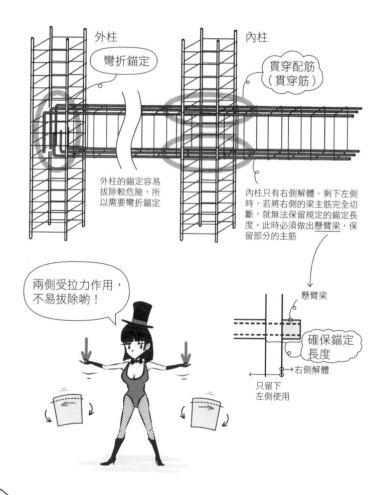

外柱　　　　　　　　　內柱

彎折錨定

貫穿配筋
（貫穿筋）

外柱的錨定容易拔除較危險，所以需要彎折錨定

內柱只有右側解體、剩下左側時，若將右側的梁主筋完全切斷，就無法保留規定的錨定長度。此時必須做出<u>懸臂梁</u>，保留部分的主筋

兩側受拉力作用，不易拔除喲！

懸臂梁

確保錨定長度

→右側解體

只留下左側使用

Q 梁的腹筋端部要如何配筋？

▼

A 腹筋在結構上並無效用，只要突出第1肋筋，並與第1肋筋綁紮在一起即可。

梁的腹筋是在組立肋筋時，以等間隔且垂直的方式排列，在高度300mm左右，放置D10左右的鋼筋。由於在結構上沒有意義，只要與最接近柱的肋筋綁紮，從肋筋突出30mm左右就OK了。

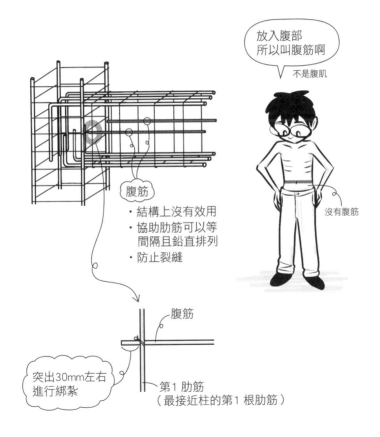

放入腹部
所以叫腹筋啊

不是腹肌

腹筋
・結構上沒有效用
・協助肋筋可以等間隔且鉛直排列
・防止裂縫

沒有腹筋

腹筋

突出30mm左右進行綁紮

第1肋筋
（最接近柱的第1根肋筋）

5

錨定

Q 小梁主筋的上端筋與外端大梁進行錨定時，若是大梁梁深過小，無法容納彎鉤鉛直向下的部分，應該如何處理？

▼

A 要以傾斜方式進行錨定（斜向錨定）。

■ 小梁主筋的錨定也與大梁和外柱相同（參見R042），要在越過中心線的位置進行彎折。下方無法容納時，如右下圖所示，進行斜向錨定。至於鋼筋在內側大梁的錨定，由於另一側也有小梁，一般是以貫穿筋處理。

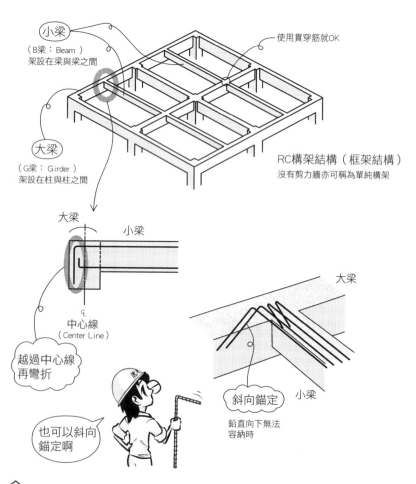

小梁
（B梁：Beam）
架設在梁與梁之間

使用貫穿筋就OK

大梁
（G梁：Girder）
架設在柱與柱之間

RC構架結構（框架結構）
沒有剪力牆亦可稱為單純構架

大梁

小梁

中心線
（Center Line）

越過中心線
再彎折

大梁

斜向錨定 小梁

鉛直向下無法
容納時

也可以斜向
錨定啊

Q 彎鉤錨定長度 L_{2h} 有包含彎鉤的長度嗎？

▼

A 沒有。錨定長度不包含彎鉤的長度。

◼ JASS 5的錨定長度規定如下圖所示，<u>直線錨定長度 L_2</u> 是從錨定起點一直到末端，<u>彎鉤錨定長度 L_{2h}</u> 則是計算到彎鉤開始點的長度。L_2 是錨定的長度，<u>L_1 是搭接的長度。</u>

直線錨定長度 L_2

混凝土的設計基準強度 F_c（N/mm^2）	SD345
24～27	35*d*

d 為竹節鋼筋的通稱數值，關於SD345 可參見R002

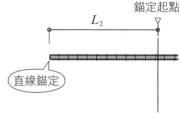

彎鉤錨定長度 L_{2h}

混凝土的設計基準強度 F_c（N/mm^2）	SD345
24～27	25*d*

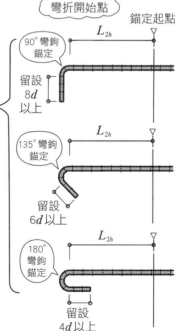

彎折開始點　錨定起點

90°彎鉤錨定　留設 8*d* 以上

135°彎鉤錨定　留設 6*d* 以上

180°彎鉤錨定　留設 4*d* 以上

135°彎鉤　留設長度　⇨ 6*d*

135°彎鉤的留設長度參見R017

5

錨定

Q 梁主筋的錨定長度會隨著鋼筋種類、混凝土的設計基準強度 F_c、有無彎鉤而改變嗎？

▼

A 是的，會跟著改變。

JASS 5 的錨定長度如下圖所示，會隨著 SD295A、SD345 等鋼筋種類，21N/mm² ，24~27N/mm² 等混凝土設計基準強度 F_c，以及有無彎鉤，有不同的長度規定。L_2 是沒有彎鉤的直線錨定，L_{2h} 是有彎鉤的直線錨定，L_a 則是 90° 彎折錨定的投影錨定長度。

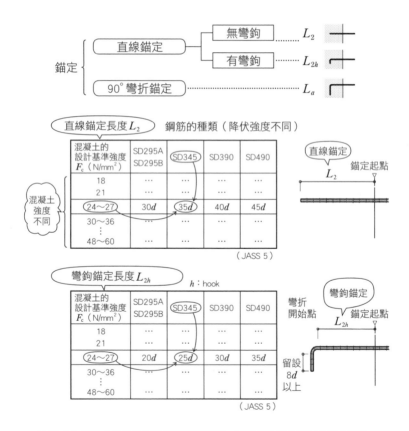

• JASS 5 的錨定或搭接的表格逐年越益複雜。而現場的工人是以人工作業進行搭設。雖然知道為了不要浪費材料，應該以最佳化的長度進行作業，但過於注重細節容易在現場引發失誤。因此，筆者認為較好的方式是在長度符合規定且施工便利、容易檢查的前提下，統整出一個安全數值。

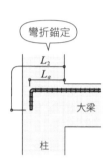

大梁主筋的柱內彎折錨定的投影錨定長度 L_a

混凝土的設計基準強度 F_c（N/mm²）	SD295A SD295B	SD345	SD390	SD490
18	…	…	…	…
21	…	…	…	…
24〜27	15d	20d	20d	25d
30〜36	…	…	…	…
⋮ 48〜60	…	…	…	…

彎折錨定

大梁的錨定如下圖所示，分成可以確保 L_{2h} 和無法確保 L_{2h} 兩種情況。下方右圖90°彎折錨定的全長是直線錨定的長度 L_2 以上。

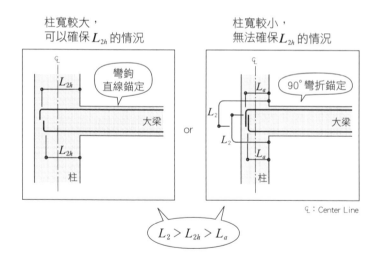

柱寬較大，可以確保 L_{2h} 的情況

柱寬較小，無法確保 L_{2h} 的情況

彎鉤直線錨定

90°彎折錨定

℄：Center Line

$$L_2 > L_{2h} > L_a$$

5

錨定

L_2、L_{2h} 為直線錨定與彎鉤直線錨定，L_a 是90°彎折錨定的投影錨定長度。90°彎折錨定的全長，可以準用直線錨定的長度 L_2。實際上許多案例的柱寬無法滿足上方左圖的彎鉤直線錨定 L_{2h}，大多使用右側的 L_2 和 L_a 進行梁主筋的錨定。

Q 大梁主筋的直線錨定長度 L_2，在混凝土的設計基準強度 F_c 為 30N/mm² 與 21N/mm² 的情況下，哪一個較短？

▼

A 在設計基準強度 F_c 較大的 30N/mm² 下，比較不易拔除，因此直線錨定長度 L_2 較短。

 F_c 較大時，握裹強度也較大，鋼筋不易拔除。由於不容易拔除，錨定長度或搭接長度可以比較短。

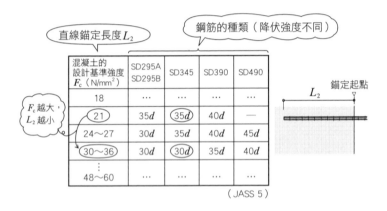

直線錨定長度 L_2 ｜ 鋼筋的種類（降伏強度不同）

混凝土的設計基準強度 F_c（N/mm²）	SD295A SD295B	SD345	SD390	SD490
18	…	…	…	…
21	35d	35d	40d	—
24～27	30d	35d	40d	45d
30～36	30d	30d	35d	40d
⋮ 48～60	…	…	…	…

F_c 越大，L_2 越小

錨定起點 L_2

（JASS 5）

拔除的難易度取決於最大握裹力，握裹強度 τ_{max}。τ_{max} 與 F_c 成正比，F_c 的 1/10 左右。F_c 越大則 τ_{max} 就越大，越難拔除，L_2 可以較短。

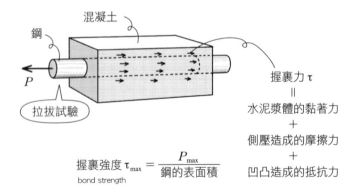

混凝土

鋼

P

拉拔試驗

握裹力 τ
=
水泥漿體的黏著力
+
側壓造成的摩擦力
+
凹凸造成的抵抗力

握裹強度 $\tau_{max} = \dfrac{P_{max}}{鋼的表面積}$

bond strength

Q 樓板下端筋的直線錨定長度 L_3 是多少？

▼

A 10d以上且150mm以上。

■ 樓板下端筋的直線錨定必須為10d以上且150mm以上。在普通的梁上可以很簡單確保這個錨定長度。

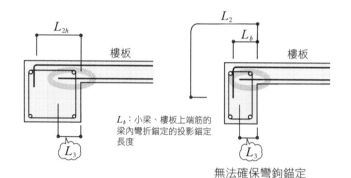

L_b：小梁、樓板上端筋的梁內彎折錨定的投影錨定長度

樓板

L_{2h}

樓板

L_2

L_b

L_3

L_3

無法確保彎鉤錨定長度 L_{2h} 的情況

小梁、樓板下端筋 直線的長度 L_3

混凝土的設計基準強度 F_c（N/mm²）	鋼筋的種類	下端筋	
		小梁	樓板
18～60	SD295A SD295B SD345 SD390	20d*	10d*且150mm以上

插入梁！

＊懸臂小梁、懸臂板的下端筋進行直線錨定（JASS 5）時，必須為25d以上。

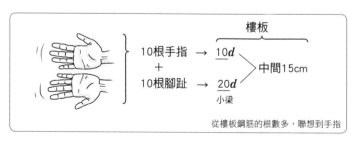

樓板

10根手指 → 10d

＋

10根腳趾 → 20d

中間15cm

小梁

從樓板鋼筋的根數多，聯想到手指

• 牆筋的直線錨定長度為 L_2。

本篇彙整樓板鋼筋、牆筋的錨定。梁、柱一樣要埋入 L_2（角柱的牆筋錨定為 L_{2h}）。L_3 在此圖是指樓板下端筋。

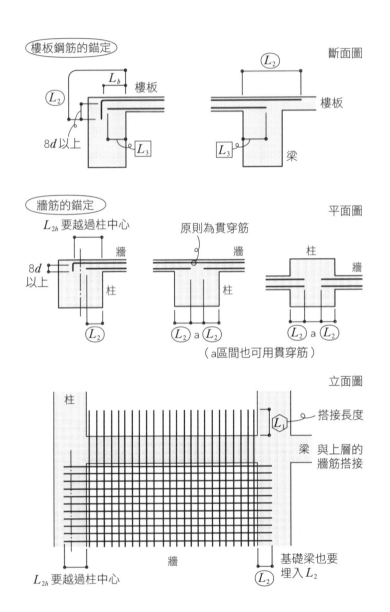

$L_1 \sim L_3$、L_{2h}、L_{3h}、L_a、L_b 等的搭接長度、錨定長度的種類，與記號一起記下來比較方便。雖然日本建築師考試不會出現這些內容，實務設計和監造時倒是經常看到。

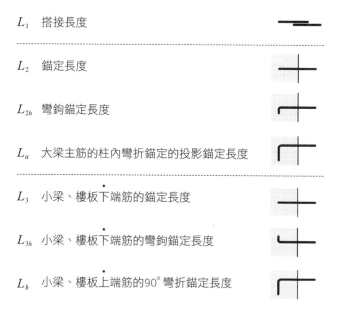

L_1	搭接長度
L_2	錨定長度
L_{2h}	彎鉤錨定長度
L_a	大梁主筋的柱內彎折錨定的投影錨定長度
L_3	小梁、樓板下端筋的錨定長度
L_{3h}	小梁、樓板下端筋的彎鉤錨定長度
L_b	小梁、樓板上端筋的90°彎折錨定長度

彎鉤錨定
長度L_{2h}

使之不易拔除

彎鉤錨定　⇨　　⇨　2_{hook}
　　　　　　　　　　　L_{2h}

從彎鉤的形狀聯想到 2

Q 搭接長度L_1、彎鉤搭接長度L_{1h}大概是多少？（SD345）

▼

A 直線搭接長度L_1是40d，彎鉤搭接長度L_{1h}是30d。

柱、梁的主筋，一般使用瓦斯壓接、機械式續接、銲接續接等方式。搭接的長度L_1如下表所示，有彎鉤的L_{1h}，<u>長度不包含末端彎鉤部分</u>。

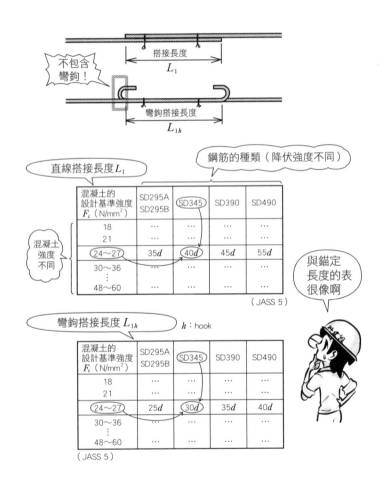

直線搭接長度L_1

混凝土的 設計基準強度 F_c（N/mm²）	SD295A SD295B	SD345	SD390	SD490
18	…	…	…	…
21	…	…	…	…
24〜27	35d	40d	45d	55d
30〜36 ⋮ 48〜60	…	…	…	…

（JASS 5）

彎鉤搭接長度L_{1h}　　h：hook

混凝土的 設計基準強度 F_c（N/mm²）	SD295A SD295B	SD345	SD390	SD490
18	…	…	…	…
21	…	…	…	…
24〜27	25d	30d	35d	40d
30〜36 ⋮ 48〜60	…	…	…	…

（JASS 5）

Q 1. 搭接長度 L_1、錨定長度 L_2，在彎鉤與直線條件下，哪一個比較短？

2. SD345 與 SD295B的搭接長度 L_1 與錨定長度 L_2，哪一個比較長？

3. 搭接長度 L_1、錨定長度 L_2，在設計基準強度 F_c 為 30N/mm² 與 21N/mm² 的情況下，哪一個比較短？

▼

A 1. 有彎鉤者較不易拔除，通常會比較短。

2. 降伏強度越大，應力負擔在設計上也會越大，所以SD345要比較長。

3. 設計基準強度 F_c 越大越不易拔除，因此 F_c=30N/mm² 通常比較短。

有彎鉤者不易拔除，L_1、L_3 可以設定得較短。鋼筋的降伏強度越大，在結構設計上會負擔較大的應力，因此 L_1、L_2 的規定數值比較大。設計基準強度 F_c 越大，鋼筋受拘束不易錯開或拔除，握裏強度的力量較大，因此 L_1、L_2 的規定數值比較小。

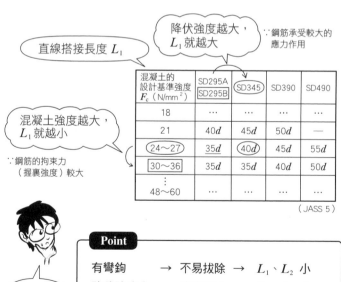

• F_c 的 c 是取自 concrete、compression（壓縮）兩字。在基準法裡，設計基準強度是 F。

Q D13與D16的搭接長度，要以哪一個直徑所訂的數值作為標準？

▼

A 不同直徑的搭接，要以直徑較細的D13作為計算標準。

◼ 不同直徑的搭接長度，<u>以較細的 *d* 進行計算</u>。若是D13與D16，以
D13的 $d=13$mm 計算。
兩者鋼筋所承受的力的最大值，依較細的鋼筋而定。因此，以較細
者作為續接長度。

D16　　　　　　　　　　　　　　　　　　　D13

搭接長度 L_1

$F_c = 24$N/mm^2、SD345 的情況下，$L_1 = 40d$，因此

$d = 16$ 時　　$L_1 = 40 \times 16 = 640$mm

$d = 13$ 時　　$L_1 = 40 \times 13 = 520$mm

以較細的 *d*
計算即可

以較細者
計算就對了

Q 相鄰重疊的搭接位置，若互相以續接長度設置會如何呢？

▼

A 鋼筋的前端位置相同，會形成結構上的弱點。應以續接長度的0.5倍或1.5倍交錯設置。

只交錯 L_1 的距離，就如下圖所示，鋼筋的前端位置相同，會成為結構上的弱點。大約以 $0.5L_1$ 或 $1.5L_1$ 以上交錯設置，讓前端位置錯開較佳。

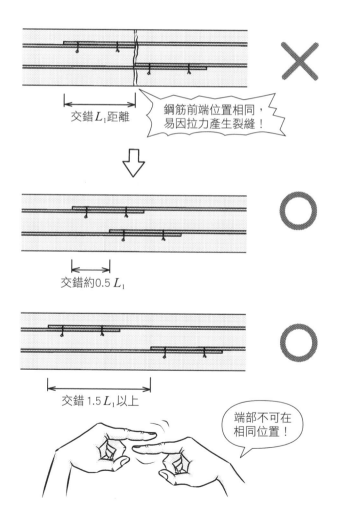

交錯 L_1 距離

鋼筋前端位置相同，易因拉力產生裂縫！

交錯約0.5 L_1

交錯 1.5 L_1 以上

端部不可在相同位置！

Q D35 以上的續接有哪些類型？

▼

A 有瓦斯壓接續接、銲接續接、機械式續接等。

受到較大力作用時，表面積較大的粗鋼筋若有搭接的部分，周圍的混凝土容易開裂。D35 以上的竹節鋼筋<u>不會使用搭接</u>，而是如下圖使用<u>瓦斯壓接續接</u>、<u>銲接續接</u>、<u>機械式續接</u>等方式。

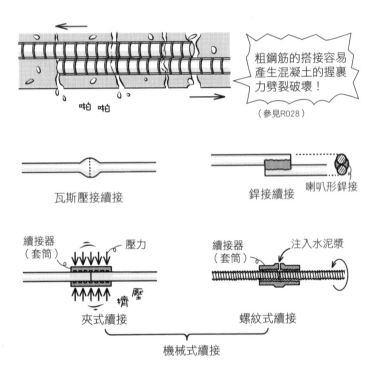

粗鋼筋的搭接容易產生混凝土的握裹力劈裂破壞！

（參見R028）

啪 啪

瓦斯壓接續接

銲接續接　喇叭形銲接

續接器（套筒）　壓力

夾式續接　擠壓

續接器（套筒）　注入水泥漿

螺紋式續接

機械式續接

喇叭形（flare）　：喇叭花的形狀，擴展成裙狀的喇叭裙形
水泥漿材（grout）：填充材，無收縮砂漿等
續接器（coupler）：成對的東西，作為連結的物品

Q 柱主筋的續接位置在哪裡？

▼

A 彎矩、拉力較小的中央部位。

柱承受垂直荷重、水平荷重時，上下端會有<u>較大的彎矩作用</u>。彎曲的突出側有拉力作用，不能作為續接位置。柱的續接在中央部位進行。

柱主筋

上下端會有較大的彎矩作用啊

遠離上下端！

瓦斯壓接

- JASS 5中瓦斯壓接的位置，以柱的淨高為 H_0，距離柱下端要在500mm以上，距離柱上端則是 $1/4H_0$ 以下。

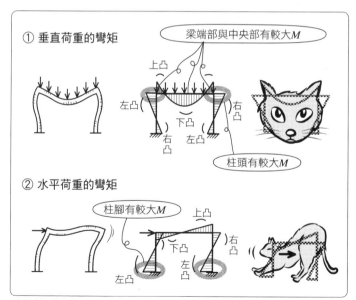

① 垂直荷重的彎矩

梁端部與中央部有較大 M

上凸

左凸　　　　右凸

右凸　　左凸

下凸

柱頭有較大 M

② 水平荷重的彎矩

柱腳有較大 M

上凸

下凸　　右凸

左凸　　左凸

地震時為 ①+② 的力在作用。

Q 梁主筋的上端筋，其續接位置在哪裡？

▼

A 在中央上部續接。

鋼筋的續接會在構材產生較小內力的地方，常設置在混凝土產生壓力的部分。因為拉力會使之易於拔除。柱的中央部內力較小，梁的中央上部有壓力作用。因此，梁上端筋要在梁中央上部續接。

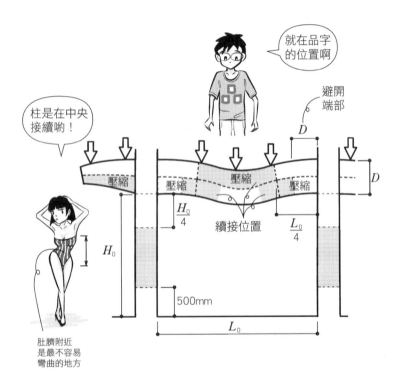

Q 梁主筋的下端筋，其續接位置在哪裡？

▼

A 從柱距離梁深長度的位置，再以梁的淨長尺寸的1/4範圍進行接續。

梁端部有垂直荷重作用的彎矩，加上地震時水平荷重的彎矩，承受相當大的內力。突出的彎曲側會有拉力作用，在此續接有切斷的危險。下端筋的續接如下圖所示，從柱距離梁深D的位置，再以梁的淨長L_0的1/4範圍為界，進行鋼筋的續接。

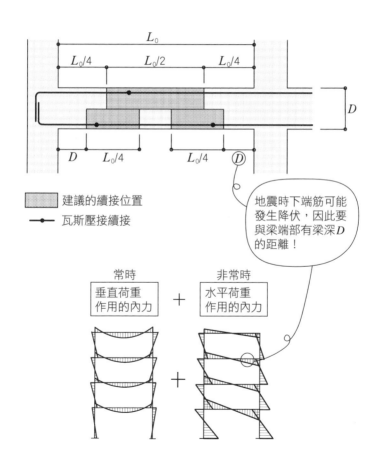

續接

69

Q 梁主筋進行搭接時，應該水平搭接還是上下搭接？

▼

A 兩種都有可能。

梁主筋搭接的位置，在上端筋為「品字」的中央，下端筋為「品字」的兩側。續接是水平搭接或上下搭接都 OK。柱梁的主筋進行搭接時，長度會較長，多用瓦斯壓接等方式。

梁主筋的搭接位置

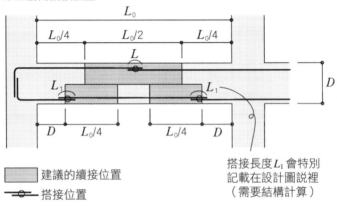

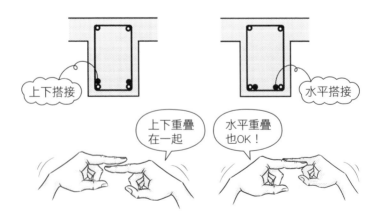

本篇彙整柱梁主筋的續接位置。內力較小、常時為壓力作用的位置較適合進行續接。通常梁會在「品字」的位置。基礎梁分為無荷重、有荷重、下方有荷重等三種情形。下方有荷重作用時，會是「品字」上下顛倒的位置。

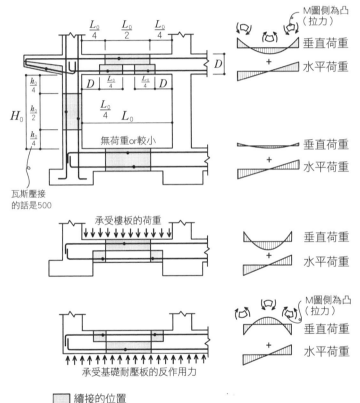

彎矩圖（M圖）

M圖側為凸（拉力）

垂直荷重

＋

水平荷重

垂直荷重

＋

水平荷重

無荷重or較小

瓦斯壓接的話是500

承受樓板的荷重

垂直荷重

＋

水平荷重

M圖側為凸（拉力）

垂直荷重

＋

水平荷重

承受基礎耐壓板的反作用力

▨ 續接的位置

6

續接

Q 梁主筋的上端筋,其截斷筋的截斷位置在哪裡?

▼

A 從柱到1/4梁淨長的點開始,往中央留設一定長度後的位置。

■ 截斷筋是只有在拉應力大的部分,以短鋼筋進行補強。與續接位置相同,以$L_0/4$為基準,留設$15d$、$20d$之後再截斷的位置(切斷位置)。

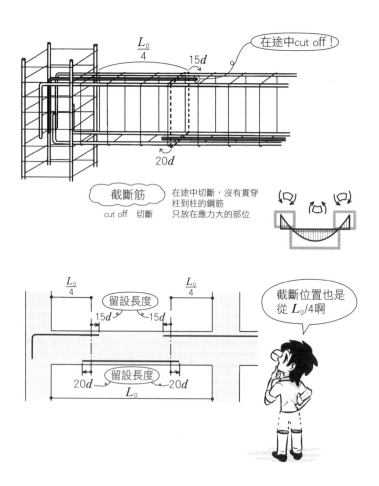

Q 梁深 2m 以上的基礎梁，中間高度進行水平澆置時，如何處理肋筋的續接？

A 為了提高續接的安全性，搭接要有 180° 彎鉤，或是使用銲接續接、機械式續接。

深 2m 以上的基礎梁，若混凝土為一次澆置，由於體積過於龐大，常發生水化熱（水合熱），容易產生裂縫。另外，因為梁寬、梁深較大，肋筋繞一圈的長度會過長，較難進行配筋。此時可將混凝土澆置至水平，先以混凝土固定肋筋後再進行續接。續接時要使用 180° 彎鉤的搭接，或是銲接續接、機械式續接等。

過深時要分次施工喔

2m以上的基礎梁

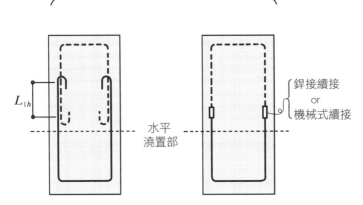

L_{1h}

水平澆置部

銲接續接 or 機械式續接

6

續接

Q 螺旋箍筋的末端如何錨定？

▼

A 增加1.5圈以上的鋼筋，並在末端留設6*d*和135°彎鉤。

如下圖所示，螺旋箍筋的末端增加1.5圈以上的鋼筋，不要錯開。
端部留設6*d*和135°彎鉤，箍筋、肋筋都一樣（參見R015）。

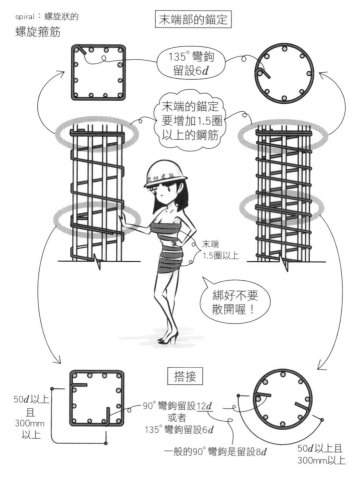

spiral：螺旋狀的
螺旋箍筋

末端部的錨定

135°彎鉤
留設6*d*

末端的錨定
要增加1.5圈
以上的鋼筋

末端
1.5圈以上

綁好不要
散開喔！

搭接

50*d*以上
且
300mm
以上

90°彎鉤留設12*d*
或者
135°彎鉤留設6*d*

一般的90°彎鉤是留設8*d*

50*d*以上且
300mm以上

● 螺旋箍筋與1根1根纏繞的箍筋不同，優點是大地震時不易錯開，且重量較重，
不容易從立起的主筋上掉落。

Q 螺旋箍筋搭接的長度是多少？

▼

A 50d以上且300mm以上。

💠 螺旋箍筋搭接的長度是<u>50d以上且300mm以上</u>。90°彎鉤的留設長度，不是一般的8d，而是12d以上。

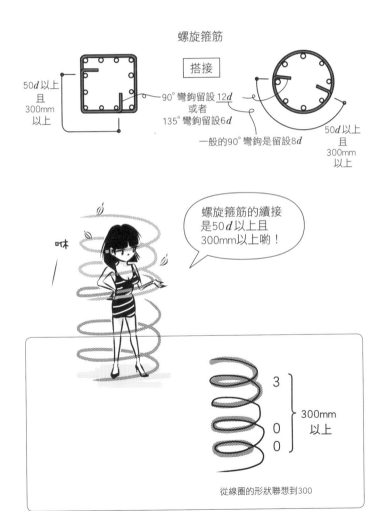

螺旋箍筋

搭接

50d以上
且
300mm
以上

90°彎鉤留設 12d
或者
135°彎鉤留設6d

一般的90°彎鉤是留設8d

50d以上
且
300mm
以上

唭

螺旋箍筋的續接
是50d以上且
300mm以上喲！

3
0
0

300mm
以上

從線圈的形狀聯想到300

Q 牆縱筋的位置若是錯開,可以在不彎曲鋼筋的情況下,以間隙搭接嗎?

▼

A 只有牆筋、樓板鋼筋可以使用間隙搭接。

只有牆筋、樓板鋼筋可以使用錯開一小段間隔的搭接方式。特別是牆壁的縱筋是在澆置混凝土之後進行續接,位置就算錯開,若是間隙在 $0.2L_1$ 以下且150mm以下,還是可以與混凝土一體化,沒有太大問題。

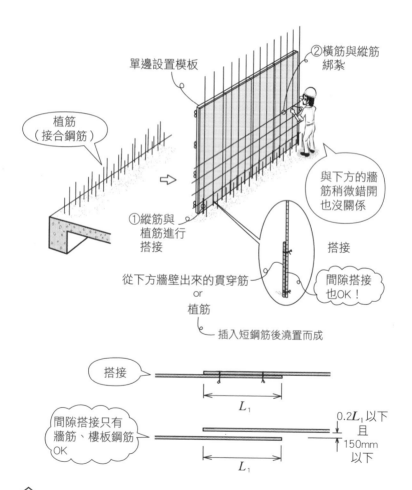

單邊設置模板

②橫筋與縱筋綁紮

植筋(接合鋼筋)

與下方的牆筋稍微錯開也沒關係

①縱筋與植筋進行搭接

搭接

從下方牆壁出來的貫穿筋
or
植筋

間隙搭接也OK!

插入短鋼筋後澆置而成

搭接

L_1

間隙搭接只有牆筋、樓板鋼筋OK

$0.2L_1$ 以下
且
150mm
以下

L_1

Q 以4根預鑄椿承載的基腳,如何處理
基礎筋的兩端?

▼

A 將兩端向上彎折,末端以90°彎鉤錨
定。

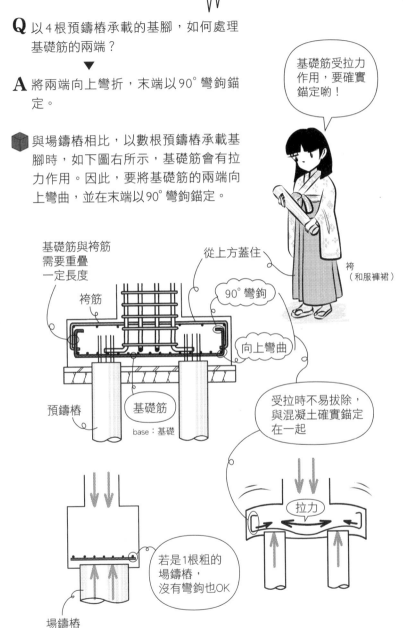

基礎筋受拉力
作用,要確實
錨定喲!

與場鑄椿相比,以數根預鑄椿承載基
腳時,如下圖右所示,基礎筋會有拉
力作用。因此,要將基礎筋的兩端向
上彎曲,並在末端以90°彎鉤錨定。

基礎筋與袴筋
需要重疊
一定長度

從上方蓋住

袴
(和服褲裙)

90°彎鉤

袴筋

向上彎曲

預鑄椿

基礎筋

base:基礎

受拉時不易拔除,
與混凝土確實錨定
在一起

拉力

若是1根粗的
場鑄椿,
沒有彎鉤也OK

場鑄椿

6

續接

Q D29的鋼筋進行手動瓦斯壓接時，需要有技術資格嗎？

▼

A 超過D25，在D32以下的情況，必須有手動瓦斯壓接技術士2級以上的資格。

瓦斯壓接是將鋼筋加壓加熱，藉由鐵原子重新配置使之一體化的續接方式。可用在柱梁主筋等的粗鋼筋。題目中的D29，在D32以下的壓接，必須由擁有2級以上的技術士來進行。

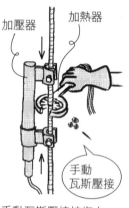

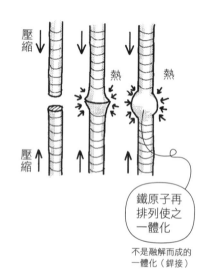

手動瓦斯壓接技術士
可進行壓接作業的範圍

技量資格 級別	可作業範圍 （鋼筋直徑）
1級	D25以下
2級	D32以下
3級	D38以下
4級	D51以下

SD490只有3級、4級可進行

Q 降雨時如何進行瓦斯壓接？

▼

A 原則上降雨時不能進行瓦斯壓接，僅在有設置遮蔽棚架時可能可以
進行。

 為了避免壓接面碰到水氣或因強風造成熄火等，<u>降雨、下雪、有強</u>
<u>風時不可進行瓦斯壓接</u>。但若設置可遮蔽雨、雪、風的棚架，就可
能可以進行。

啉 嘩

有設置遮蔽
棚架就OK！

因為要用火

降雨、下雪、強風
就中止喔！

Q 若採瓦斯壓接續接、機械式續接，相鄰主筋的續接位置如何進行交錯？

▼

A 瓦斯壓接續接為400mm以上，機械式續接為400mm以上且續接器端部之間要交錯40mm以上。

◼ 在搭接的情況下，以0.5L_1或1.5L_1交錯（參見R057）。瓦斯壓接續接為400mm以上，機械式續接為400mm以上且續接器端部之間要交錯40mm以上。不管哪一種，都不能讓續接位置或續接器端部在同一位置上，否則會成為結構上的弱點。

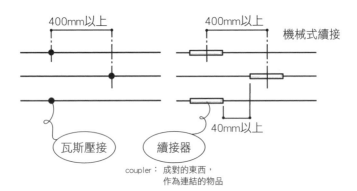

coupler： 成對的東西，
作為連結的物品

Q「SD345的D25」與「SD390的D29」，可以使用瓦斯壓接嗎？

▼

A 當降伏強度為1個等級差、直徑差為7mm以下時，可以使用瓦斯壓接。

在1個等級的種類差、7mm以下的直徑差時，使用瓦斯壓接OK。
題目中的SD345與SD390為1個等級差，D25與D29的直徑差為
4mm，因此可以使用瓦斯壓接。

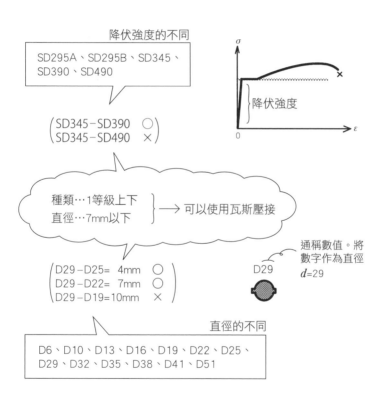

降伏強度的不同

SD295A、SD295B、SD345、
SD390、SD490

$$\begin{pmatrix} SD345-SD390 & ○ \\ SD345-SD490 & × \end{pmatrix}$$

降伏強度

種類…1等級上下
直徑…7mm以下 ⎱ → 可以使用瓦斯壓接

$$\begin{pmatrix} D29-D25= & 4mm & ○ \\ D29-D22= & 7mm & ○ \\ D29-D19=10mm & × \end{pmatrix}$$

通稱數值。將
數字作為直徑
$d=29$

D29

直徑的不同

D6、D10、D13、D16、D19、D22、D25、
D29、D32、D35、D38、D41、D51

7

瓦斯壓接

Q SD345的D22與D29可以使用自動瓦斯壓接嗎？

▼

A 直徑不同的情況不能使用自動瓦斯壓接。

 如下圖所示設置自動壓接機進行的<u>自動瓦斯壓接</u>，由於不能邊看壓接面邊進行微調整，因此不能使用於直徑不同的續接。直徑差7mm以下者可以使用手動瓦斯壓接，D22與D29就能進行壓接。

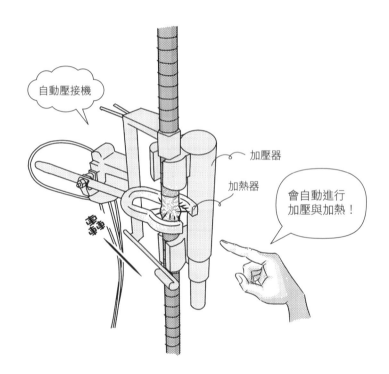

自動壓接機

加壓器

加熱器

會自動進行
加壓與加熱！

> **Point**
>
> 手動壓接…超過7mm就不行
>
> 自動壓接…直徑不同就不行

Q 壓接端面之間有間隙時，可以使用瓦斯壓接嗎？

▼

A 間隙 3mm 以下就可以。

 鋼筋壓接端面最佳的情況是，切斷面平滑且為直角，相互之間沒有間隙且密合。設置壓接器時，壓接端面的間隙 3mm 以下就可以（JASS 5 解説）。

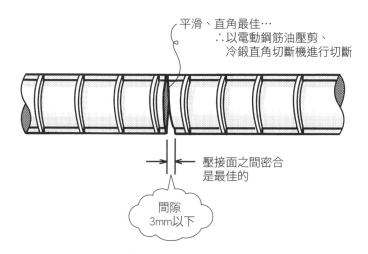

平滑、直角最佳…
∴以電動鋼筋油壓剪、
冷鍛直角切斷機進行切斷

壓接面之間密合
是最佳的

間隙
3mm以下

Q 瓦斯壓接所使用的鋼筋，要用什麼來切斷？

▼

A 用冷鍛直角切斷機或電動鋼筋油壓剪進行切斷。

如下圖所示，冷鍛直角切斷機的刀刃是金剛石製的圓盤鋸，在不加熱的冷鍛情況下，以直角方式平滑地切斷鋼筋的機器。切斷面會很漂亮，無需使用研磨機（砂輪機，圓形刀刃旋轉進行切斷、研磨的機器）削除，常用於切斷瓦斯壓接面。電動鋼筋油壓剪則是像剪刀剪斷鋼筋的機器，切斷後需要使用研磨機進行研磨。

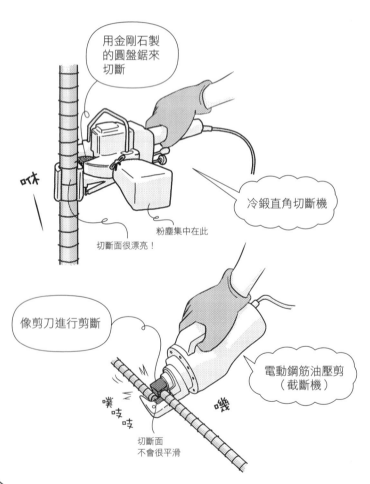

用金剛石製的圓盤鋸來切斷

冷鍛直角切斷機

粉塵集中在此

切斷面很漂亮！

像剪刀進行剪斷

電動鋼筋油壓剪（截斷機）

切斷面不會很平滑

Q 鋼筋的壓接端面需要進行研磨嗎？

▼

A 要使用研磨機研磨。

鋼筋的壓接端面必須與軸心成直角，且為平滑、沒有附著任何鏽蝕或髒汙的完全金屬面。使用電動鋼筋油壓剪切斷時，斷面會有毛邊，因此要使用研磨機研磨。冷鍛直角切斷機的切斷作業，以及電動鋼筋油壓剪切斷後以研磨機研磨的作業，可以等到瓦斯壓接當日再進行。因為隨著時間經過，容易有鏽蝕或髒汙附著在上面。

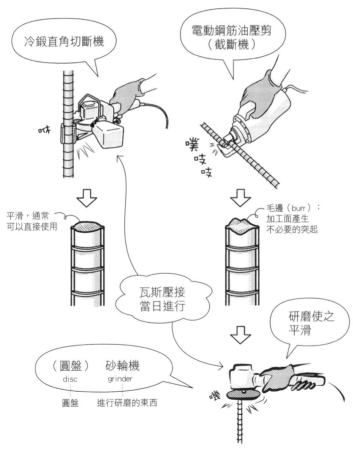

● 若有使用端面保護材，端面的切削可以在壓接當日之前進行。

7

瓦斯壓接

Q 為了使壓接端面平滑，除去毛邊時要進行倒角嗎？

▼

A 有毛邊的角可輕輕地進行倒角。

🔳 毛邊的英文為burr，意即加工面產生不必要的突起。可以使用研磨機讓鋼筋的切斷面平滑，有毛邊的角可進行小倒角。若在有毛邊的情況下直接壓接，會有多餘的雜物混雜在裡面，形成壓接不良。

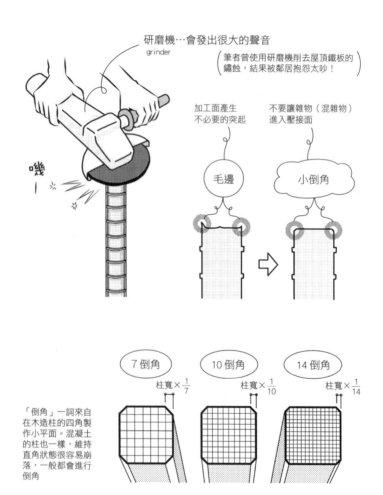

研磨機…會發出很大的聲音
grinder

（筆者曾使用研磨機削去屋頂鐵板的
鏽蝕，結果被鄰居抱怨太吵！）

加工面產生
不必要的突起

不要讓雜物（混雜物）
進入壓接面

毛邊

小倒角

嘰

7 倒角　　　10 倒角　　　14 倒角

柱寬×$\frac{1}{7}$　　柱寬×$\frac{1}{10}$　　柱寬×$\frac{1}{14}$

「倒角」一詞來自
在木造柱的四角製
作小平面。混凝土
的柱也一樣，維持
直角狀態很容易崩
落，一般都會進行
倒角

Q 瓦斯壓接的膨脹直徑與長度是多少？

A 膨脹的直徑是 1.4d以上，長度是 1.1d以上。

關於瓦斯壓接的膨脹，直徑會是鋼筋直徑的1.4倍以上，長度則是
1.1倍以上（平12建告1463，平成12年日本建設省公告在案）。因
此，膨脹是較大者較佳。但若膨脹過大，只有該部分會變硬且難以
變形，超過一定限度則鋼筋容易損壞。

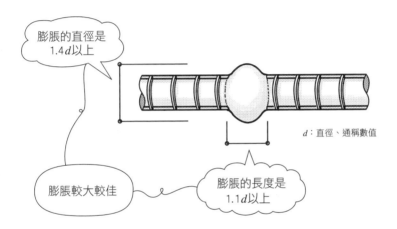

膨脹的直徑是
1.4d以上

d：直徑、通稱數值

膨脹較大較佳

膨脹的長度是
1.1d以上

7

瓦斯壓接

Q 瓦斯壓接中心軸的偏心量，以及壓接面與膨脹中心的錯位，分別是
多少？

▼

A 中心軸的偏心量要在1/5d以下，壓接面的錯位則是1/4d以下。

瓦斯壓接的鋼筋中心軸的偏心量是1/5d以下，膨脹中心與壓接面
的錯位則是1/4d以下（平12建告1463）。膨脹是越大越好，錯位則
是越小越好。

Point

膨脹→越大越好   錯位→越小越好

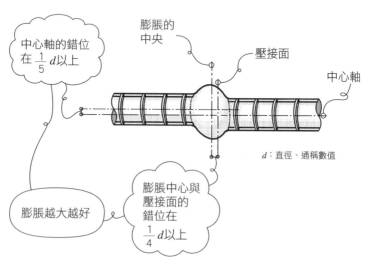

膨脹的中央
壓接面
中心軸
中心軸的錯位在$\frac{1}{5}$d以上
膨脹越大越好
膨脹中心與壓接面的錯位在$\frac{1}{4}$d以上
d：直徑、通稱數值

Q 瓦斯壓接的膨脹直徑、長度不足或明顯彎曲時，如何處理？

▼

A 再加熱進行修正。

膨脹的直徑未滿1.4d、長度未滿1.1d，或者明顯彎曲時，可以<u>再加熱修正</u>。所有瓦斯壓接續接都要進行<u>外觀檢查</u>。

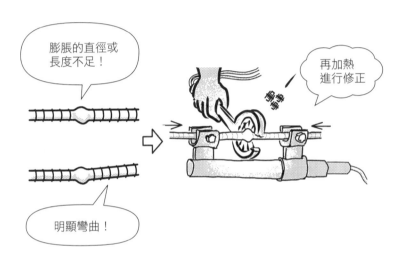

7

瓦斯壓接

Q 瓦斯壓接的壓接面錯位超過規定時，如何處理？

▼

A 切斷之後再進行一次瓦斯壓接。

■ 中心軸的錯位超過 1/5d、壓接面的錯位超過 1/4d，或者形狀明顯變形時，必須<u>切斷後進行再壓接</u>。錯位的標準要更嚴謹。

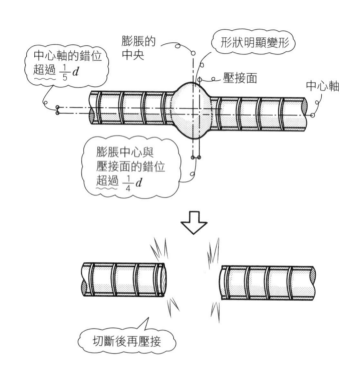

Q 進行瓦斯壓接時，加熱中的火焰若出現異常情況，如何處理？

▼

A 若是發生在壓接端面密合之後，可以調節火焰繼續作業；若是發生在密合之前，必須切斷後再進行瓦斯壓接。

噴槍若是發生逆火（backfire）現象，加熱會中斷。若在端面密合前發生，間隙會有氧氣進入，使端面產生氧化膜，造成壓接不良。密合前加熱中斷，要切斷後再進行壓接。密合後不會產生氧化膜，只要調節火焰就可以繼續進行壓接作業。

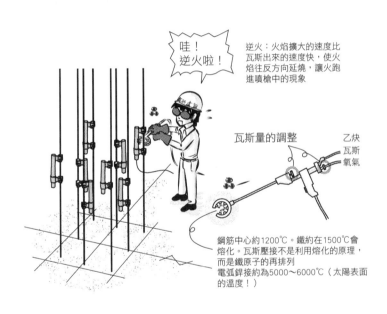

哇！
逆火啦！

逆火：火焰擴大的速度比瓦斯出來的速度快，使火焰往反方向延燒，讓火跑進噴槍中的現象

瓦斯量的調整

乙炔
瓦斯
氧氣

鋼筋中心約1200℃。鐵約在1500℃會熔化。瓦斯壓接不是利用熔化的原理，而是鐵原子的再排列
電弧銲接約為5000～6000℃（太陽表面的溫度！）

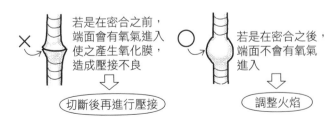

若是在密合之前，端面會有氧氣進入使之產生氧化膜，造成壓接不良

切斷後再進行壓接

若是在密合之後，端面不會有氧氣進入

調整火焰

7

瓦斯壓接

Q 進行瓦斯壓接的加熱時，應該使用還原焰還是中性焰？

▼

A 壓接端面密合之前用還原焰，密合之後用中性焰。

如下圖所示，瓦斯的火焰分為外側與空氣接觸的<u>氧化焰</u>、內側的<u>還原焰</u>，以及兩者之間的<u>中性焰</u>。氧化焰是與周圍物質進行氧化（與氧元素化合）的火焰，還原焰是將氧氣從氧化物中去除的火焰，中性焰則是兩者之外的火焰。為了避免壓接端面氧化，<u>端面在密合之前使用還原焰加熱，密合之後則是使用火力較強的中性焰加熱。</u>

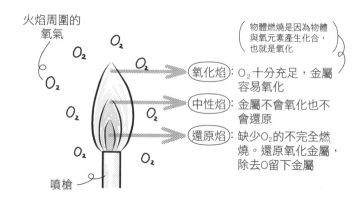

火焰周圍的氧氣

O_2 O_2 O_2 O_2 O_2 O_2 O_2 O_2

噴槍

（物體燃燒是因為物體與氧元素產生化合，也就是氧化）

氧化焰：O_2十分充足，金屬容易氧化

中性焰：金屬不會氧化也不會還原

還原焰：缺少O_2的不完全燃燒。還原氧化金屬，除去O留下金屬

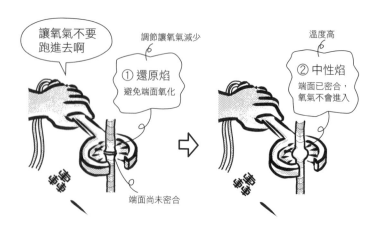

讓氧氣不要跑進去啊

調節讓氧氣減少

① 還原焰
避免端面氧化

端面尚未密合

溫度高

② 中性焰
端面已密合，氧氣不會進入

Q 瓦斯壓接進行外觀檢查、超音波探測檢查時，要檢查幾個地方？

A 外觀檢查是所有地方都要進行，超音波探測檢查則是由1組作業班每日隨機抽檢30個地方。

外觀檢查是使用測量儀器量測膨脹的大小、長度是否符合規定，以及軸與壓接面是否有錯位或傾斜等情況。超音波探測檢查則是利用超音波在不連續的部分會反射的特性，確認是否有壓接不良的地方。外觀檢查是所有地方都要進行，超音波探測檢查則是由1組作業班每日抽檢30個地方。

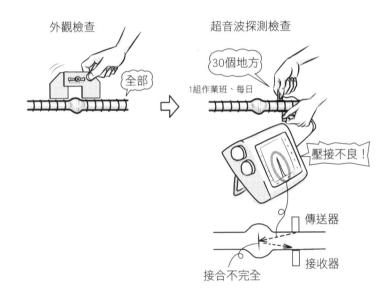

外觀檢查　　　　　　　超音波探測檢查

全部

30個地方

1組作業班、每日

壓接不良！

傳送器

接收器

接合不完全

7

瓦斯壓接

● 1組作業班每日的作業、生產、出貨的最小單位稱為批（lot）。此處的1批表示30個地方。

Q 在SD345、D25、F_c=24N/mm² 的條件下

　1. 90° 彎曲加工時的淨直徑 D 是多少？

　2. 直線搭接的長度 L_1 是多少？

　3. 彎鉤搭接的長度 L_{1h} 是多少？

　4. 直線錨定的長度 L_2 是多少？

　5. 彎鉤錨定的長度 L_{2h} 是多少？

　6. 樓板下端筋的錨定長度 L_3 是多少？

▼

A **1.** 4d 以上。

　2. 40d 以上。

　3. 30d 以上。

　4. 35d 以上。

　5. 25d 以上。

　6. 10d 以上且 150mm 以上。

■ 利用具代表性的 SD345、F_c=24N/mm² 來記住□×d 吧。

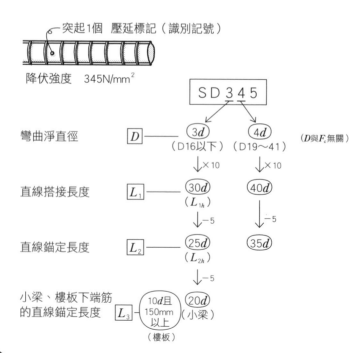

下面整理出鋼筋的彎曲、錨定、續接等重要事項。

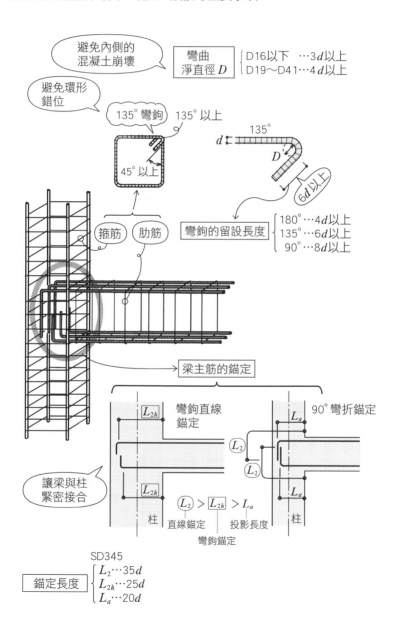

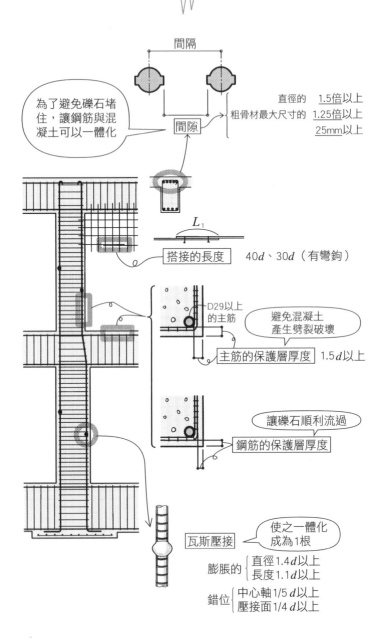

間隔

為了避免礫石堵住，讓鋼筋與混凝土可以一體化

間隙

直徑的　1.5倍以上
粗骨材最大尺寸的　1.25倍以上
25mm以上

L_1

搭接的長度　40d、30d（有彎鉤）

D29以上的主筋

避免混凝土產生劈裂破壞

主筋的保護層厚度　1.5d以上

讓礫石順利流過

鋼筋的保護層厚度

瓦斯壓接

使之一體化成為1根

膨脹的 { 直徑1.4d以上
　　　　長度1.1d以上

錯位 { 中心軸1/5d以上
　　　　壓接面1/4d以上

Q 組立模板之前，由工程施工者製作，向工程監督者提出的圖面是什麼？

A 模板設計圖與模板工作圖。

參考設計書圖的圖面，由施工者製作<u>軀體圖</u>，再做出記載著面板分割和隔件位置、支撐材位置等的<u>模板設計圖</u>，寫著合板與角材組合方式等的<u>模板工作圖</u>，向工程監督者提出。

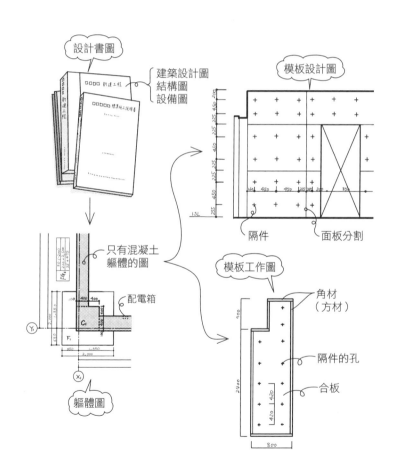

設計書圖

建築設計圖
結構圖
設備圖

模板設計圖

隔件　　　面板分割

只有混凝土軀體的圖

模板工作圖

配電箱

角材
（方材）

隔件的孔

合板

軀體圖

8

模板工程

Q 日本農林規格（JAS）中，作為襯板使用的合板，其厚度是多少mm？

A 若無特別註記，是12mm。

混凝土凝固之前，需要藉由模板協助澆置成形。混凝土的比重是 2.3（水的2.3倍，2.3tf/m³，與鋼筋合在一起的比重是2.4），非常重，還要加上運送混凝土的泵浦及由上往下墜落時的重力。因此，模板就像是要擋住土石流一般，必須非常堅固才行。

混凝土 ·············· 比重2.3（水的2.3倍，2.3tf/m³）
混凝土+鋼筋 ·············· 比重2.4（水的2.4倍，2.4tf/m³）

模板是由用以阻擋混凝土的襯板，以及配合維持形狀的支撐材所組成。若無特別註記，襯板的厚度為12mm。

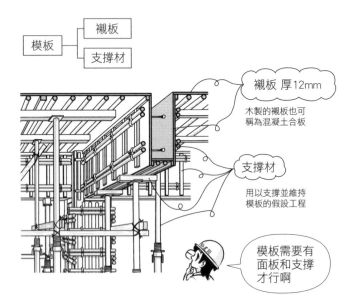

```
            ┌─ 襯板
    模板 ───┤
            └─ 支撐材
```

襯板 厚12mm
木製的襯板也可稱為混凝土合板

支撐材
用以支撐並維持模板的假設工程

模板需要有面板和支撐才行啊

Q 如何保管作為襯板用的合板？

▼

A 平放在2根墊材（支承材）上方，為了避免陽光直射，以塑膠布（帆布）等覆蓋進行養護。

襯板（模板用合板）平放在墊材之上，覆蓋塑膠布避免陽光直射或雨淋。設置2根墊材（枕木、厘木），在上方重疊堆積。若是放置3根墊材，一端的墊材沉陷，木板就會彎曲。一般來說，板材類都是平放堆置，但玻璃板疊放容易破裂，因此直立放置。

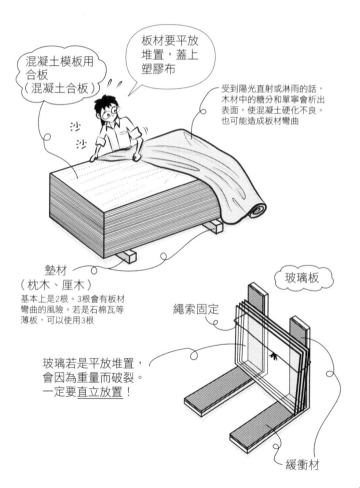

8

模板工程

Q 1. 作為襯板用的B−C級合板是什麼？
　　2. 製作清水混凝土常用的合板是什麼？

▼

A 1. 指表面的等級，一面是B級、一面是C級的合板。
　　2. 表面進行聚氨酯處理的合板。

■ 混凝土模板用合板的規格，如下所示，以A到D為基準。B−C級指一面是B級、一面是C級的合板。

```
                    分節、分割、缺陷等
                    小 ←——→ 大
合板表面的等級 ：    A>B>C>D          B-C級：一面是B級、一面是C級
```

若無特別註記，襯板所使用的合板厚度是12mm。單面以聚氨酯進行表面處理的模板用合板，澆置後的混凝土很平滑美麗，常用以製作清水混凝土。而且很容易與混凝土分離，損傷較少者可以繼續轉往上層使用。

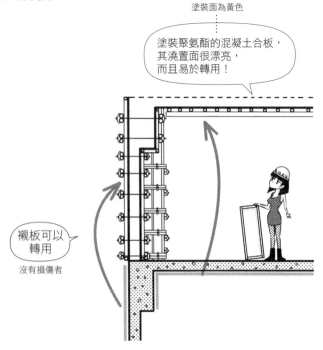

塗裝面為黃色

塗裝聚氨酯的混凝土合板，
其澆置面很漂亮，
而且易於轉用！

襯板可以
轉用

沒有損傷者

Q 透水模板是什麼？

▼

A 可以讓混凝土表面多餘的水和空氣排出去的模板。

● 澆置混凝土時，襯板附近容易堆積多餘的水和空氣，形成有海綿狀空洞的表面，或露出礫石和砂粒的表面（<u>蜂窩</u>，<u>石窩</u>）。使用<u>透水模板</u>可以讓多餘的水和空氣從織布與孔洞向外排出，使混凝土的表層更細緻。

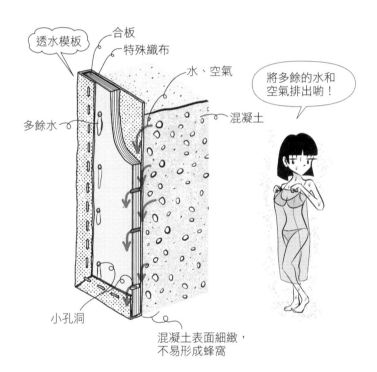

透水模板
合板
特殊織布
水、空氣
混凝土
多餘水
將多餘的水和空氣排出囉！
小孔洞
混凝土表面細緻，不易形成蜂窩

Q 模板支撐材的緊結材有哪些？

▼

A 隔件、圓錐、緊結器等。

隔件是用來保持襯板間隔的金屬零件，圓錐主要是澆置混凝土時使用在隔件兩端的圓錐狀器具，緊結器則是在襯板外側用來固定隔件的金屬零件。這些都是模板支撐材的緊結材。

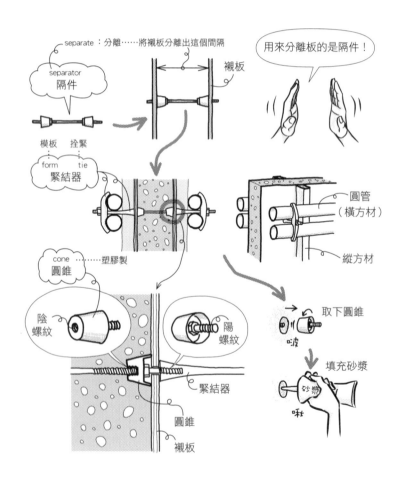

依混凝土面是清水面、修飾面的不同，隔件分成如下圖所示的B型、C型和BC型。

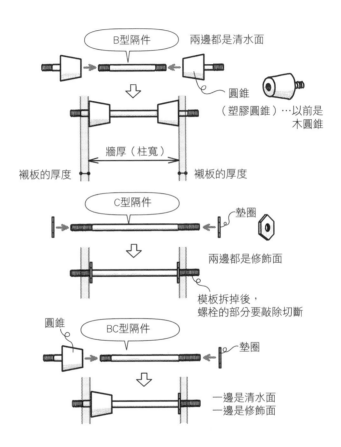

B型隔件　　兩邊都是清水面

圓錐
（塑膠圓錐）…以前是木圓錐

牆厚（柱寬）

襯板的厚度　　襯板的厚度

C型隔件　　墊圈

兩邊都是修飾面

模板拆掉後，
螺栓的部分要敲除切斷

圓錐　　BC型隔件　　墊圈

一邊是清水面
一邊是修飾面

8

模板工程

Q 兩面都是修飾面的情況下，隔件如何處理？

▼

A 使用C型隔件，將頭折斷除去後，塗上防鏽的塗料。

清水混凝土用B型，修飾面用C型。一邊為清水面、一邊為修飾面則是BC型。

$$\begin{cases} 清水 \longrightarrow B型 \\ 修飾 \longrightarrow C型 \end{cases}$$

PS（pipe space：管道間）內的牆壁等，看到金屬零件也OK的地方可以使用C型。

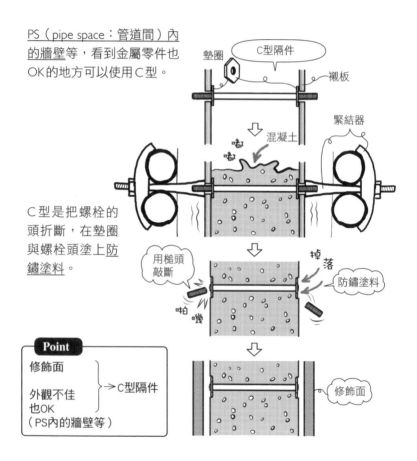

墊圈　　C型隔件

襯板

緊結器

混凝土

嘮 嘮

C型是把螺栓的頭折斷，在墊圈與螺栓頭塗上防鏽塗料。

用槌頭敲斷

掉落

防鏽塗料

啪 嘰

Point

修飾面

外觀不佳也OK（PS內的牆壁等）

→ C型隔件

修飾面

Q 有地下水滲入的風險時，隔件如何處理？

▼

A 使用附有止水板的隔件。

地下的外牆，若隔件的周圍有水路通過，會有地下水滲入的風險。此時要使用<u>附有止水板的隔件</u>。此外，施工縫容易有水滲入，也需要使用<u>止水板</u>。

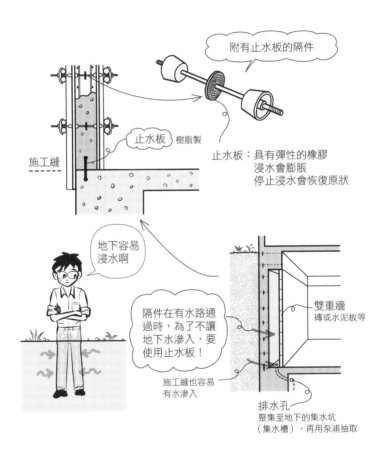

附有止水板的隔件

止水板 樹脂製

施工縫

止水板：具有彈性的橡膠
浸水會膨脹
停止浸水會恢復原狀

地下容易浸水啊

隔件在有水路通過時，為了不讓地下水滲入，要使用止水板！

施工縫也容易有水滲入

雙重牆
磚或水泥板等

排水孔
聚集至地下的集水坑
（集水槽），再用泵浦抽取

Q 模板支撐材所使用的方材有哪些？

▼

A 木製角材、鋼製圓管、鋼製方管等。

■ <u>方材</u>是在襯板外側進行補強的材料，有木製角材、鋼製圓管、鋼製方管等。材料與襯板之間沒有使用黏著劑。<u>圓管</u>也常使用在鷹架，為直徑約48mm的鍍鋅鋼管。

牆壁的模板如下圖所示，通常先放置已和縱方材連結在一起的襯板，現場再用圓管的橫方材，以緊結器固定兩側襯板進行澆置。

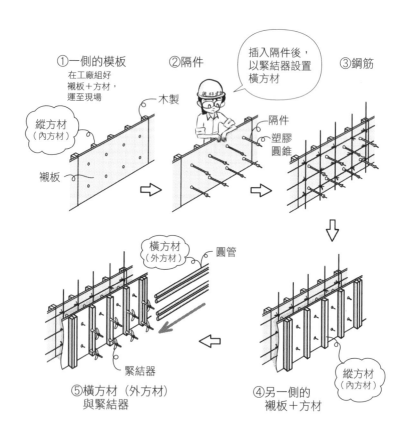

①一側的模板
在工廠組好
襯板＋方材，
運至現場

縱方材
（內方材）

襯板

木製

②隔件

插入隔件後，
以緊結器設置
橫方材

隔件

塑膠
圓錐

③鋼筋

橫方材
（外方材）

圓管

緊結器

⑤橫方材（外方材）
與緊結器

④另一側的
襯板＋方材

縱方材
（內方材）

Q 模板支撐架如何處理續接的情況？

▼

A 模板支撐架可以續接最多2根，使用至少4個螺栓或專用金屬零件確實固定。

如下圖所示，<u>模板支撐架是可以調整高度的圓管支柱</u>。以1~1.2m的間隔並排，作為支撐樓板或梁模板的支撐材。<u>續接以2根為限，使用至少4個螺栓或專用金屬零件確實固定</u>。樓高較高的大廳或體育館等，不是使用模板支撐架，常使用由組合式鷹架演變而來的<u>鋼管構架（組合式支撐材）</u>。

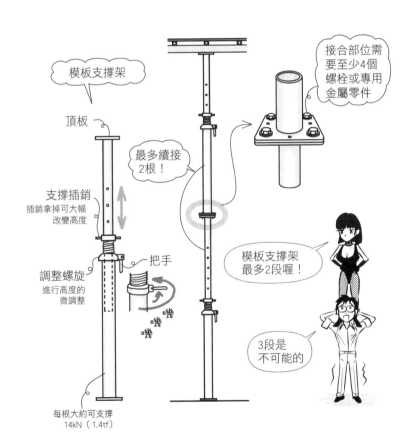

Q 模板支撐架的水平連接材如何設置？

▼

A 高度超過3.5m時，在高度每2m以內，於兩方向設置水平連接材。

以模板支撐架作為支柱時，高度若超過3.5m，在高度每2m以內，要在兩方向設置水平連接材（勞安規）。

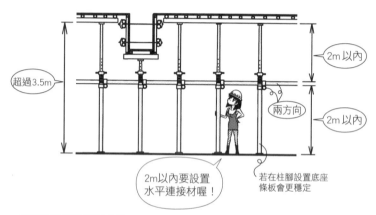

超過3.5m

2m以內

兩方向

2m以內

2m以內要設置水平連接材喔！

若在柱腳設置底座條板會更穩定

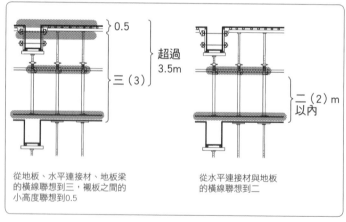

0.5

超過3.5m

三（3）

二（2）m以內

從地板、水平連接材、地板梁的橫線聯想到三，襯板之間的小高度聯想到0.5

從水平連接材與地板的橫線聯想到二

Q 以鋼管構架作為支柱時，如何設置水平連接材？

▼

A 上層與每5層以內，於兩方向設置水平連接材。

鋼管構架（組合式支撐材）是以組合式鷹架為支柱，使用在天花板較高的大廳或體育館等建築。與組合式鷹架相同，<u>在最上層與每5層以內設置水平連接材鋼管</u>（勞安規）。

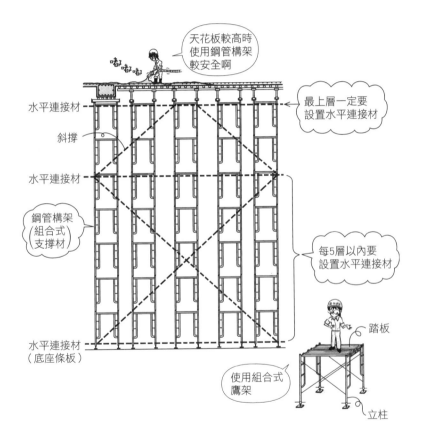

天花板較高時使用鋼管構架較安全啊

水平連接材

斜撐

水平連接材

鋼管構架（組合式）支撐材

水平連接材（底座條板）

最上層一定要設置水平連接材

每5層以內要設置水平連接材

踏板

使用組合式鷹架

立柱

Q 以鋼管構架作為支柱時，每組構架的容許荷重會因受力部位不同而異嗎？

▼

A 受力部位為柱頂板或構架中央，會有不同的結果。

構架柱的頂板若直接承載地板梁等，重量會順利向下傳遞。門型構架的中央若有荷重作用，由於是構架較脆弱的部分，容許荷重會變小。荷重作用在橫架材時，1根構架（柱）承受的荷重容許值，數值為50kN(5tf)至15kN(1.5tf)之間。

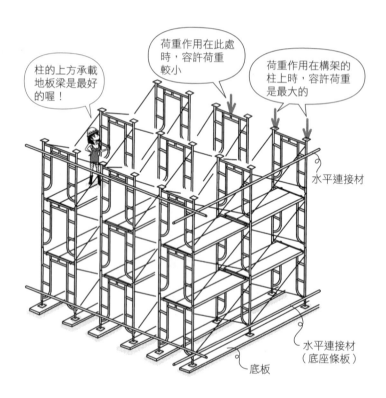

柱的上方承載地板梁是最好的喔！

荷重作用在此處時，容許荷重較小

荷重作用在構架的柱上時，容許荷重是最大的

水平連接材

水平連接材（底座條板）

底板

Q 以模板支撐架以外的鋼管（圓管）作為支柱時，如何設置水平連接材？

▼

A 在高度每2m以內，於兩方向設置水平連接材。

不使用模板支撐架，以鷹架用的鋼管（圓管）作為支柱。此時不管條件是否超過3.5m，都要在<u>高度每2m以內，於兩方向設置水平連接材</u>（勞安規）。鋼管、模板支撐架、鋼管構架是不同的東西。這些很容易混淆，在這裡好好記下來吧。

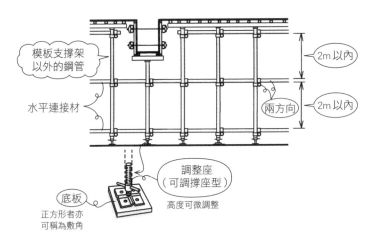

模板支撐架以外的鋼管

水平連接材

2m以內

兩方向　2m以內

調整座（可調撐座型）
高度可微調整

底板
正方形者亦可稱為敷角

不管高度多少都是每2m以內啊

Point

　　　　　　　　　　　　　　　　水平連接材

模板支撐架以外的鋼管 ──────→ 高度每2m以內

模板支撐架 ──────→ 高度超過3.5m且每2m以內

鋼管構架（組合式支撐材）──────→ 最上層與每5層以內

8

模板工程

Q 以組立鋼柱作為支柱時，如何設置水平連接材？

▼

A 高度超過4m時，在高度每4m以內，於兩方向設置水平連接材。

■ 在需要較高支柱的情況下，如下圖組合數根鋼材合成較大的柱，也就是使用<u>組立鋼柱</u>。<u>高度超過4m時，在每4m以內，於兩方向設置水平連接材</u>（勞安規）。

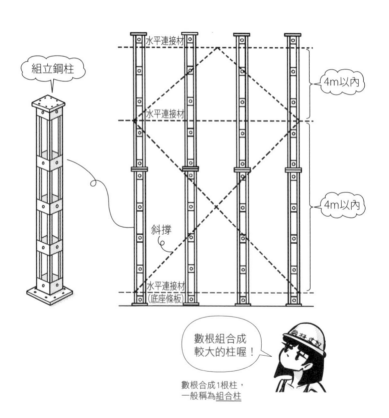

組立鋼柱

水平連接材

水平連接材

4m以內

斜撐

4m以內

水平連接材
(底座條板)

數根組合成
較大的柱喔！

數根合成1根柱，
一般稱為<u>組合柱</u>

★ **R102** 鷹架

Q 為了避免模板移動，模板應與外部鷹架接合在一起嗎？

▼

A 搖晃的鷹架容易讓模板變形，因此模板不能與鷹架接合在一起。

為了避免鷹架倒塌，在縱橫向數 m 處會和牆壁附著在一起。但若與模板接合，鷹架上工人行走和搬運物品的晃動，可能讓模板彎曲變形。因此，模板與鷹架不可以接合在一起。

8

模板工程

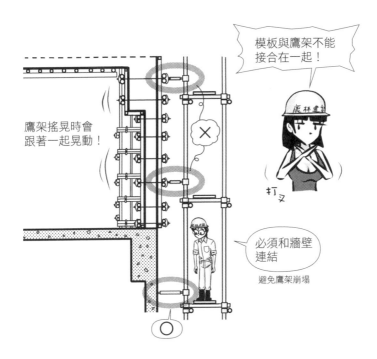

Q 如何修正模板？

▼

A 使用鍊子和套筒螺釦進行修正。

套筒螺釦（turnbuckle）是可以藉由旋轉（turn）調節長度並固定的金屬零件（buckle）。在混凝土樓板上事先埋入U字型的金屬零件，與模板之間斜向掛上鍊子，再以套筒螺釦旋轉固定，讓模板無法移動。調整水平、垂直或位置等稱為修正，利用鍊子和套筒螺釦來進行。進行鋼骨組立（結構材的組立）的修正時，鍊子和套筒螺釦也是很常用的工具。

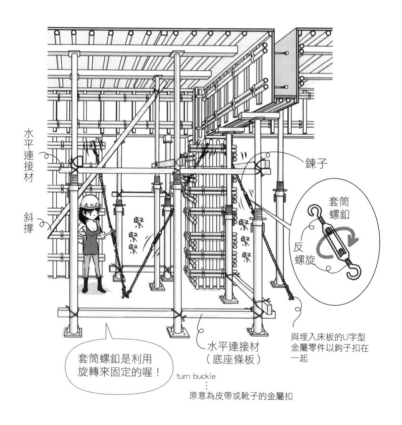

水平連接材

斜撐

鍊子

套筒螺釦

反螺旋

緊緊緊

緊緊緊

套筒螺釦是利用旋轉來固定的喔！

水平連接材（底座條板）

與埋入床板的U字型金屬零件以鉤子扣在一起

turn buckle
　⋮
原意為皮帶或靴子的金屬扣

Q 如何讓混凝土順利流入窗下的拱肩牆上方？

▼

A 在作為蓋子的模板中央設置空氣孔，或是也從中央澆置混凝土。

混凝土較難順利流入窗下的拱肩牆，空氣也容易堆積在此處，成為<u>孔洞</u>或<u>蜂窩</u>較多的部位。若是小型窗，可在拱肩牆上端中央設置空氣孔，讓空氣容易溢散，混凝土從單側而來的壓力讓空氣不會堆積。大型窗則是在拱肩上方的兩端設置抑制模板，中央保持開放，也由此澆置混凝土，並以鏝刀整平。

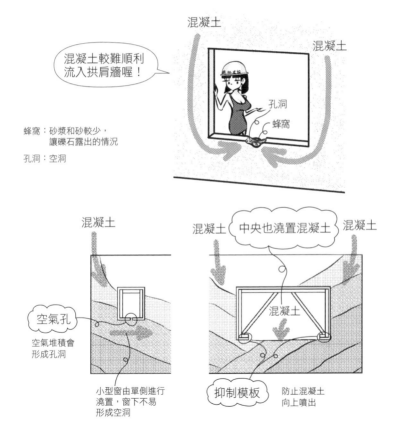

蜂窩：砂漿和砂較少，
讓礫石露出的情況

孔洞：空洞

8
模板工程

Q 組立模板時，柱腳為什麼要用角材固定？

▼

A 為了避免柱腳因為混凝土的壓力而發生偏移。

柱模板的柱腳是承受混凝土側壓（側面方向作用的壓力）最大的地方。如下圖所示，柱腳要使用<u>角材</u>等進行補強，確實固定在床板上。若只有合板，會因混凝土的壓力往外側偏移。

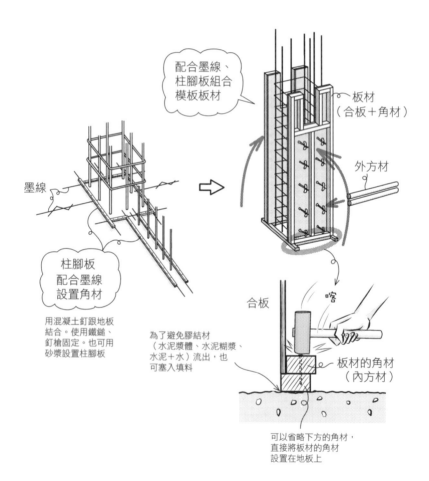

配合墨線、柱腳板組合模板板材

板材（合板＋角材）

外方材

墨線

柱腳板配合墨線設置角材

用混凝土釘跟地板結合。使用鐵鎚、釘槍固定。也可用砂漿設置柱腳板

為了避免膠結材（水泥漿體、水泥糊漿、水泥＋水）流出，也可塞入填料

合板

喀

板材的角材（內方材）

可以省略下方的角材，直接將板材的角材設置在地板上

Q 模板下方為何要設置清潔孔？

▼

A 為了取出木屑、落葉、垃圾等，以及排出洗淨水。

模板的底部容易堆積木屑、落葉、垃圾等，若是直接澆置混凝土，結構上重要的接續面會產生缺陷。因此，模板下方要設置清潔孔，取出垃圾及排出洗淨水等。然而，實際上在工地現場其實很少設置清潔孔。

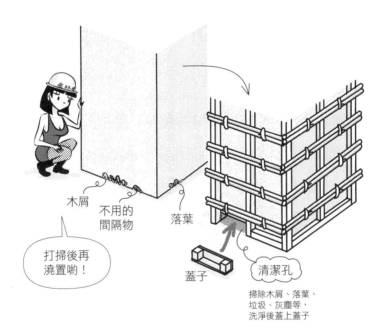

Q 如何製作有套管的模板？

A 先將鋼管、硬質聚氯乙烯管、紙管等固定好，在切斷面裝設蓋子，
避免混凝土流入。

套管（套筒）如下圖所示，將紙管、鋼管或硬質聚氯乙烯管等設置
在模板內部，固定好避免因混凝土的壓力造成偏移。在套管周圍設
置補強鋼筋，不要讓套管的孔洞成為結構上的弱點。

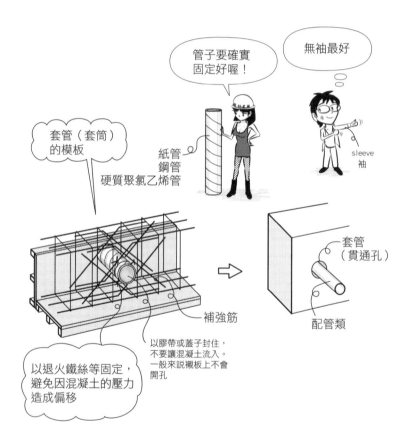

• 柱、梁以外可使用直徑200mm以下的紙管（公說）。

Q 地下部分如何設置需要水密性的套管模板？

▼

A 使用有墊片的鋼管。

地下部分需要水密性的套管，為了讓水難以滲入套管與混凝土的間隙，此時要使用有墊片的鋼管。鋼與混凝土一體化黏著在一起，水就不易滲入。若是不需要水密性，可以使用不易生鏽的硬質聚氯乙烯管（公説）。

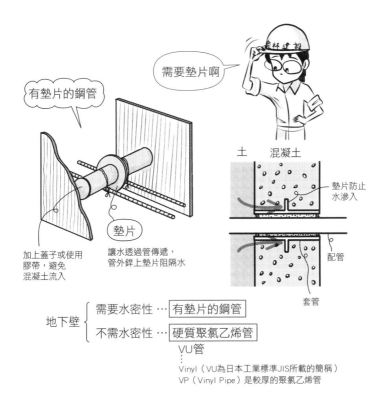

需要墊片啊

有墊片的鋼管

土　混凝土

墊片

墊片防止
水滲入

加上蓋子或使用
膠帶，避免
混凝土流入

讓水透過管傳遞，
管外銲上墊片阻隔水

配管

套管

地下壁 { 需要水密性 … 有墊片的鋼管
　　　　　不需水密性 … 硬質聚氯乙烯管
　　　　　　　　　　　　VU管
　　　　　　　　　　　　⋮
　　　　　Vinyl（VU為日本工業標準JIS所載的簡稱）
　　　　　VP（Vinyl Pipe）是較厚的聚氯乙烯管

8
模板工程

Q 如何確認保護層厚度？

▼

A 以刻度尺、量尺來測量，無法測量的部分以配置好的間隔物用目視來確認。

保護層厚度非常重要，必須在混凝土澆置前使用刻度尺、量尺、專用量尺等來確定。若為手無法觸及的地方則是設置間隔物，以目視來確認。

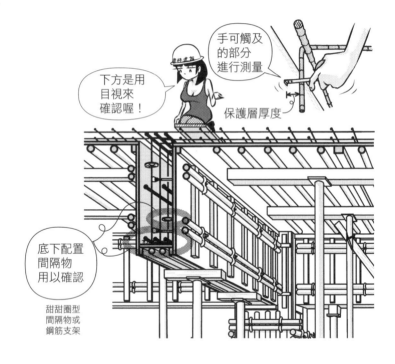

手可觸及的部分進行測量

下方是用目視來確認喔！

保護層厚度

底下配置間隔物用以確認

甜甜圈型間隔物或鋼筋支架

- 根據筆者的經驗，澆置混凝土前的配筋檢查，每次都會發現一、兩個地方有保護層厚度不足的問題。此時會追加設置間隔物進行修正。這是非常重要的檢查，等到混凝土澆置完成就太遲了。

Q 什麼情況下使用金屬製模板板材？

▼

A 在有大規模相同板材需求的建物，或者固定尺寸較多的木造基礎等皆可使用。

模板也有預鑄品的<u>金屬製模板板材</u>（metal form），以鋼或鋁合金製，為襯板＋方材的系統化板材。中小規模的RC造建物，柱梁等的尺寸多少會有些差異，較難使用金屬製板材，一般是使用木製模板來組合。木造基礎大多有相同寬度和高度，常使用金屬製板材。完成的混凝土面也會比木製平滑許多。

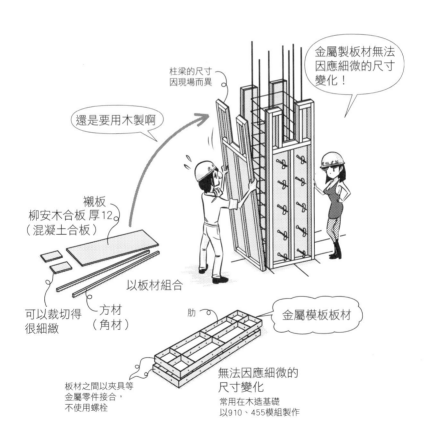

金屬製板材無法因應細微的尺寸變化！

柱梁的尺寸因現場而異

還是要用木製啊

襯板
柳安木合板 厚12
（混凝土合板）

以板材組合

可以裁切得很細緻

方材
（角材）

肋

金屬模板板材

板材之間以夾具等金屬零件接合，不使用螺栓

無法因應細微的尺寸變化

常用在木造基礎
以910、455模組製作

8
模板工程

Q 使用平鋼板（地板模板用鋼製板）有什麼優點？

▼

A 可以省去拆除的作業，縮短工期。

■ <u>平鋼板</u>是鋼製的地板用模板，混凝土凝固後可以不拆除直接使用。由於沒有拆除作業，能縮短工期。

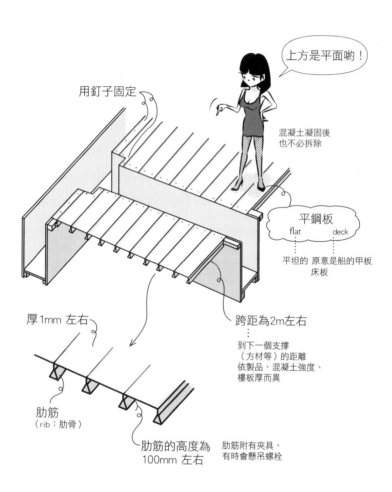

上方是平面喲！

用釘子固定

混凝土凝固後
也不必拆除

平鋼板
flat　　　deck
平坦的　原意是船的甲板
　　　　床板

厚1mm 左右

跨距為2m 左右
到下一個支撐
（方材等）的距離
依製品、混凝土強度、
樓板厚而異

肋筋
（rib：肋骨）

肋筋的高度為
100mm 左右

肋筋附有夾具，
有時會懸吊螺栓

Q 平鋼板（地板模板用鋼製板）的邊緣部分，如何與鋼骨支撐梁衔接？

▼

A 設為重疊距離50mm以上、偏移距離40mm以下。

平鋼板架設在木製方材上時，以釘子固定讓板材不要掉落。架設在鋼骨梁上時，以點銲固定。<u>重疊距離50mm以上</u>，從梁端到肋筋的<u>偏移距離40mm以下</u>。這樣才能避免板材因混凝土的重量而掉落。

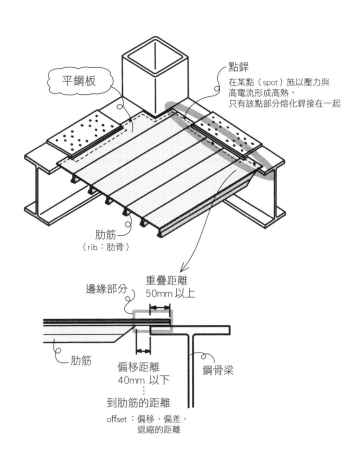

平鋼板

點銲
在某點（spot）施以壓力與
高電流形成高熱，
只有該點部分熔化銲接在一起

肋筋
（rib：肋骨）

邊緣部分

重疊距離
50mm 以上

肋筋

偏移距離
40mm 以下
：
到肋筋的距離

鋼骨梁

offset：偏移、偏差、
退縮的距離

8
模板工程

Q 地板模板用的鋼製臨時梁，可以支撐桁架下弦材的中央部位嗎？

▼

A 桁架會變形，無法支撐。

 使用桁架製成的<u>鋼製臨時梁（鋼製支撐梁、輕量支撐梁）</u>，無需太多的支柱來支撐地板模板。桁架梁中間若有支撐，受力會改變，造成桁架梁變形。

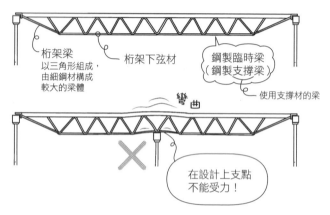

桁架梁
以三角形組成，
由細鋼材構成
較大的梁體

桁架下弦材

鋼製臨時梁
（鋼製支撐梁）

使用支撐材的梁

彎曲

×

在設計上支點
不能受力！

如下圖所示，鋼製臨時梁也有可以自由伸縮、對應各種不同跨距的樣式。

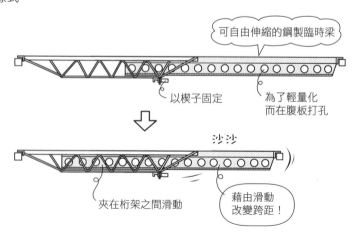

可自由伸縮的鋼製臨時梁

以楔子固定

為了輕量化
而在腹板打孔

沙沙

夾在桁架之間滑動

藉由滑動
改變跨距！

Q 柱箍是什麼？

▼

A 用來緊固獨立柱模板的金屬零件。

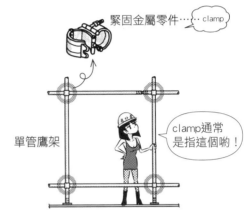

clamp 是用以緊固的金屬零件，一般是指單管之間連結用的金屬零件。

柱箍（column clamp）如下圖所示，係指使用在獨立柱模板的金屬零件。與 clamp 的意思不太一樣，請務必留意。

緊固金屬零件⋯⋯ clamp

單管鷹架

clamp通常是指這個喲！

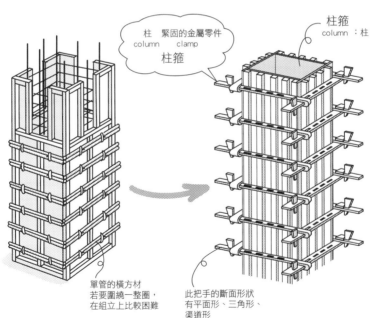

柱　緊固的金屬零件
column　clamp
柱箍

柱箍
column：柱

單管的橫方材若要圍繞一整圈，在組立上比較困難

此把手的斷面形狀有平面形、三角形、渠道形

Q 半預鑄混凝土模板使用在屋外側的外牆，有什麼優點？

▼

A 可以不必進行外牆裝飾工程。

預鑄混凝土板是事先（pre）在工廠以模具鑄造（cast）而成的混凝土板。若與磁磚、石材等一起澆置製作，優點是不必在現場進行外牆裝飾施工，磁磚和石材也較不易脫落。半預鑄混凝土模板則是牆壁的屋外側的模板為預鑄混凝土板，可以縮短裝飾工程；內側使用普通模板，因此稱為半預鑄。

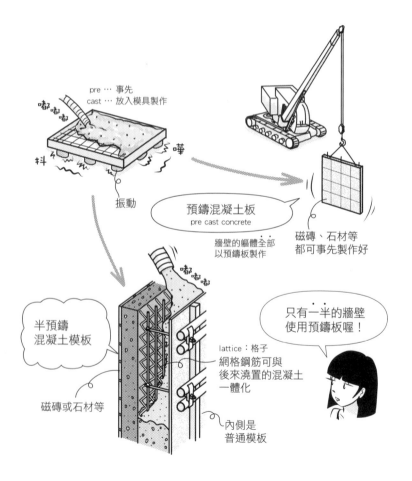

pre … 事先
cast … 放入模具製作

振動

預鑄混凝土板
pre cast concrete

牆壁的軀體全部
以預鑄板製作

磁磚、石材等
都可事先製作好

半預鑄
混凝土模板

只有一半的牆壁
使用預鑄板喔！

lattice：格子
網格鋼筋可與
後來澆置的混凝土
一體化

磁磚或石材等

內側是
普通模板

8

模板工程

Q 以滑動模板工法澆置牆壁，有什麼優點？

▼

A 可以連續製作牆壁而不會有施工縫。

混凝土凝固後，在上方設置模板再進行
澆置，就會出現施工縫。在煙囪、儲藏
室或給水塔等會有相同壁面垂直的建
物，可以使用模板不斷向上滑動，一邊
進行澆置混凝土的<u>滑動模板工法</u>。讓預
拌混凝土一邊凝固，一邊滑動模板，不
會產生施工縫。

一邊往上滑
一邊澆置喔！

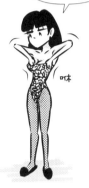

滑動模板工法

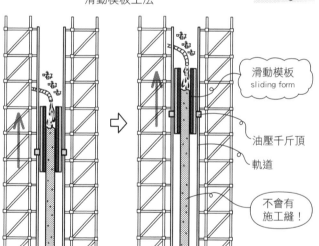

滑動模板
sliding form

油壓千斤頂

軌道

不會有
施工縫！

Q 模板支撐材的結構計算中，需要考慮哪些荷重作用？

▼

A 要考慮混凝土澆置時的垂直荷重、水平荷重，以及混凝土的側壓。

🔲 混凝土澆置時的振動、衝擊，再加上混凝土、鋼筋和模板本身的重量，就是垂直荷重；同樣的振動、衝擊，再加上風壓，就是水平荷重。從接近液體的預拌混凝土會有水平方向的荷重作用，因此要另外計算側壓（參見R126）。

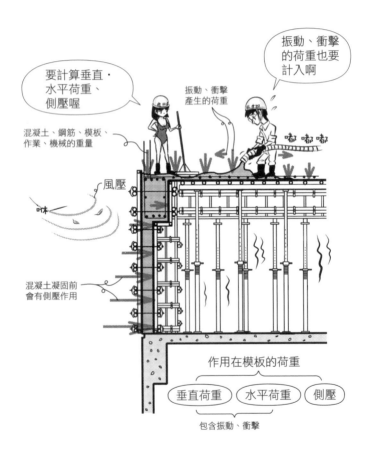

Q 模板支撐材的結構計算中，水平荷重包含哪些荷重？

▼

A 包含風壓、作業和機械造成的荷重，但不包含地震荷重。

作用在模板的水平荷重，需要考慮風壓、作業和機械造成的荷重，但<u>不包含地震荷重</u>。預拌混凝土不會一直是液體狀，澆置後馬上開始凝固，約1天之後就可以在樓板上行走。混凝土出現強度後，會與鋼筋成為一體，建物開始可以自立，可說是模板與建物兩者在支撐。在這之前發生大地震的機率微乎其微，可以忽略地震荷重。

9

模板‧支撐材作用的荷重

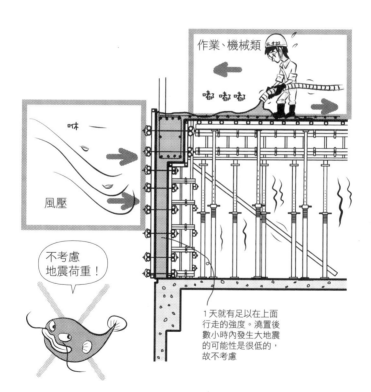

作業、機械類

嘟 嘟 嘟

咻

風壓

不考慮
地震荷重！

1天就有足以在上面
行走的強度。澆置後
數小時內發生大地震
的可能性是很低的，
故不考慮

Q 以模板支撐架或鋼管作為支柱時，水平荷重作用是設計荷重的多少
百分比？

▼

A 會有設計荷重5%的水平荷重作用。

以模板支撐架或鋼管作為支柱時，會有設計荷重5%的水平荷重作
用，以此進行模板的結構計算。建物的結構計算中，大地震時的水
平荷重是重量的20%（標準剪力係數 C_0=0.2），2次設計則是100%
（C_0=0.1），未考量地震作用。

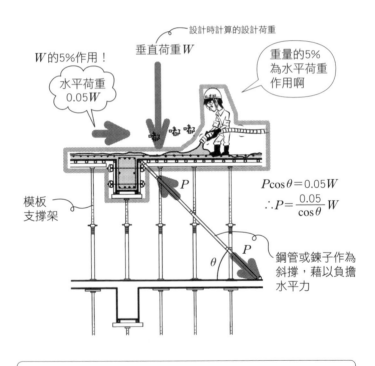

設計時計算的設計荷重

垂直荷重 W

W的5%作用！

水平荷重
$0.05W$

重量的5%
為水平荷重
作用啊

模板
支撐架

P

$P\cos\theta = 0.05W$

$\therefore P = \dfrac{0.05}{\cos\theta}W$

θ

P

鋼管或鍊子作為
斜撐，藉以負擔
水平力

Support → 5%　　從Support的S
聯想到5

Q 以鋼管構架作為支柱時，水平荷重作用是設計荷重的多少百分比？

▼

A 會有設計荷重2.5%的水平荷重作用。

🟦 <u>鋼管構架</u>是作為組合式鷹架使用的構材，比模板支撐架更容易抵抗水平力，因此只有5%的一半 <u>2.5%</u>。

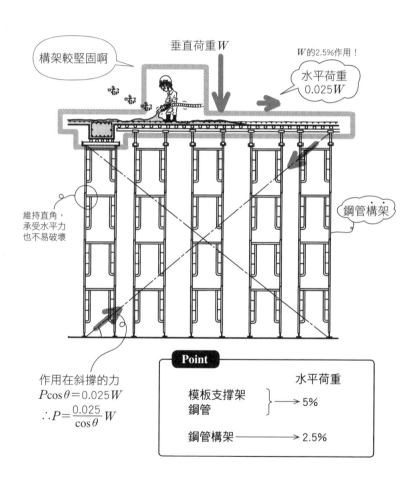

垂直荷重 W

構架較堅固啊

嘿 嘿 嘿

W的2.5%作用！

水平荷重 $0.025W$

維持直角，
承受水平力
也不易破壞

鋼管構架

作用在斜撐的力
$P\cos\theta = 0.025W$
$\therefore P = \dfrac{0.025}{\cos\theta}W$

Point

	水平荷重
模板支撐架 鋼管 }	→ 5%
鋼管構架 ——→	2.5%

Q 模板支撐材的結構計算中，鋼筋混凝土的荷重，以及木造軸組工法中的模板荷重，分別是多少？

▼

A 鋼筋混凝土為24kN/m³ (2.4tf/m³)×構材厚度(m)，模板為0.4kN/m² (40kgf/m²)。

荷重一般如下圖所示，以人作比喻的話，體重為固定荷重（DL：dead load），搬行李等的作業或外加的衝擊為承載荷重（LL：live load）。

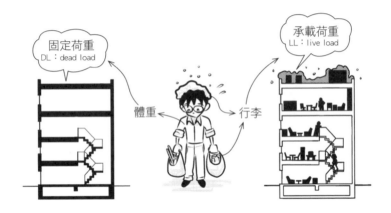

模板支撐材的荷重計算中，鋼筋混凝土和模板的自重就是固定荷重，另外再加上作業荷重＋衝擊荷重。

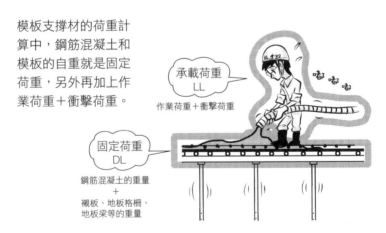

混凝土的比重約 2.3；<u>鋼筋混凝土的比重約 2.4</u>，大約是水的 2.4 倍重。水 1m³ 是 1t（噸，正確寫法是 tf），鋼筋混凝土是 2.4t，以 N（牛頓）表示則為 <u>24kN/m³</u>。從比重來記，比直接用 t/m³ 更容易理解。1t 大約是 1 輛輕量汽車的重量。

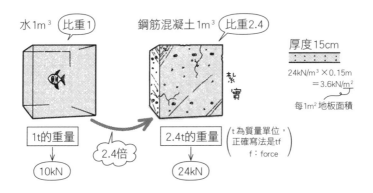

不使用平鋼板、鋼梁等，以地板格柵、地板梁等作為支撐的木造軸組構法模板，模板荷重為 <u>0.4kN/m²</u>（約 40kgf/m²）（JASS 5 解說）。

Q 模板支撐材的結構計算中，澆置時的承載荷重是多少？

▼

A 澆置時的承載荷重是 1.5kN/m^2 (150kgf/m^2)。

混凝土澆置時的作業荷重與衝擊荷重的合計（承載荷重 LL）是
<u>1.5kN/m^2</u>。1.5kN 就是 0.15tf=150kgf（勞安規）。

Q 厚度20cm的樓板以泵浦工法澆置時，垂直荷重是多少？

▼

A 承載荷重1.5kN/m²+混凝土的荷重24kN/m³×0.2m+模板的荷重
0.4kN/m²=6.7kN/m²。

混凝土澆置作業產生的作業荷重、衝擊荷重為 <u>1.5kN/m²</u>。每1m³澆
置的混凝土與鋼筋合起來的重量是 <u>24kN/m³</u>，厚度0.2m就表示每
1m³是24×0.2=4.8kN/m²。支撐鋼筋混凝土的模板重量是 <u>0.4kN/
m²</u>。三者合計就是6.7kN/m² (670kgf/m²)。

RC的比重是2.4，每1m³是2.4tf/m³=24kN/m³。厚度0.2m的每1m²則
是1m×1m×0.2m=0.2m³，再把0.2乘上24即可得。單位m²、m³可
別搞錯囉。

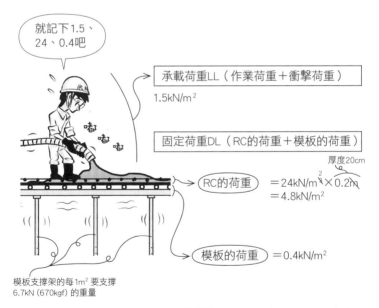

模板支撐架的每1m² 要支撐
6.7kN (670kgf) 的重量

總荷重＝1.5＋4.8＋0.4＝6.7kN/m²

9

模板‧支撐材作用的荷重

Q 作用在模板上的混凝土側壓，如何隨高度（深度、水頭）、時間變化？

▼

A 側壓會隨著高度成比例增加，但若超過一定高度以上產生黏性，側壓會維持一定；而較深處的側壓，隨著時間經過則會隨高度越來越小。

■ 作用在模板側面的混凝土側壓，與水相同，越高就越大。但混凝土澆置後會開始硬化，在一定高度以上黏性會增大，側壓維持一定。而在較深處的地方，隨著時間經過，越深處的側壓就越小。完全硬化後，側壓變成0。

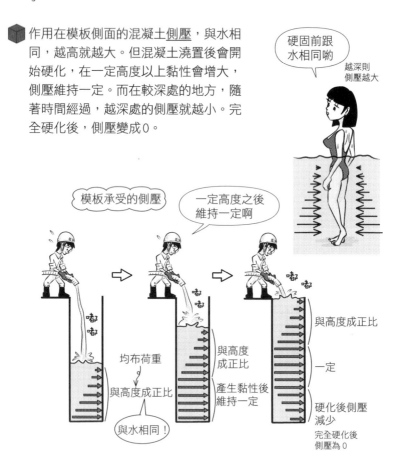

硬固前跟水相同喲

越深則側壓越大

模板承受的側壓

一定高度之後維持一定啊

均布荷重
與高度成正比

與水相同！

與高度成正比

與高度成正比
產生黏性後維持一定

與高度成正比

一定

硬化後側壓減少
完全硬化後側壓為0

Q 混凝土澆置高度在1.5m以下時，側壓公式為何？

▼

A 混凝土的單位容積質量（密度）ρ × 重力加速度 g × 水頭（高度）H。

◆ <u>密度（單位容積質量）</u>ρ 乘上高度 H 是混凝土的質量，再乘上重力加速度 g，$(\rho H)g$ 就成為重量（重力）。下方表格中，$\rho g = W_0$，<u>高度 H 的混凝土重量是 $W_0 H$</u>。高度 H 在1.5m以下時，側壓的重量是 $W_0 H$。高度（深度）H 可稱為<u>水頭</u>。

模板設計用混凝土側壓（kN/m²）

（JASS 5）

澆置速度 （m/h）	10以下的情況		超過10，20以下的情況		超過20 的情況
＼＼ H(m) 部位	1.5以下	超過1.5 4.0以下	2.0以下	超過2.0 4.0以下	4.0以下
柱	$W_0 H$	$1.5W_0 + 0.6W_0$ $\times (H-1.5)$	$W_0 H$	$2.0W_0 + 0.8W_0$ $\times (H-2.0)$	$W_0 H$
牆		$1.5W_0 + 0.2W_0$ $\times (H-1.5)$		$2.0W_0 + 0.4W_0$ $\times (H-2.0)$	

H：新拌混凝土的水頭（m）（從欲求得的側壓位置往上的混凝土澆置高度）
W_0：新拌混凝土的單位容積質量（t/m³）乘上重力加速度而得（kN/m³）

重量（重力）＝質量 × g

1m³的重量 ＝ $\rho g = W_0$

Hm的重量 ＝ $(\rho H)\,g = (\rho g)H = W_0 H$　　$\left(\begin{array}{l} g：重力加速度 \\ \rho：單位容積質量 \end{array}\right)$

<u>質量</u>

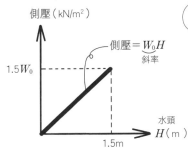

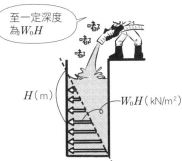

• $W_0 = 2.4(\text{t/m}^3) = 24(\text{kN/m}^3)$，$H=1$m 時，$24 \times 1 = 24\text{kN/m}^2$，$H=1.5$m 時，$24 \times 1.5 = 36\ \text{kN/m}^2$ 的側壓在作用。
• <u>新拌混凝土</u>是指硬固之前的混凝土。

Q 混凝土的側壓，在水頭H越大時會如何變化？
▼
A 側壓就會越大。

混凝土的側壓計算式，在JASS 5中如下表所示。下表沒有考慮混凝土硬化後側壓減少，以較安全的方式設計。不管哪個公式，混凝土的水頭（深度）越大，側壓就越大。

模板設計用混凝土側壓（kN/m²）

（JASS 5）

澆置速度（m/h）	10以下的情況		超過10，20以下的情況		超過20的情況
H(m)　部位	1.5以下	超過1.5 4.0以下	2.0以下	超過2.0 4.0以下	4.0以下
柱	W_0H	$1.5W_0+0.6W_0$ $\times(H-1.5)$	W_0H	$2.0W_0+0.8W_0$ $\times(H-2.0)$	W_0H
牆		$1.5W_0+0.2W_0$ $\times(H-1.5)$		$2.0W_0+0.4W_0$ $\times(H-2.0)$	

H：新拌混凝土的水頭（m）（從欲求得的側壓位置往上的混凝土澆置高度）
W_0：新拌混凝土的單位容積質量（t/m³）乘上重力加速度而得（kN/m³）

— t/m³時，與比重（與水相比的重量）的數值相同。混凝土的比重為2.3，則為2.3t/m³

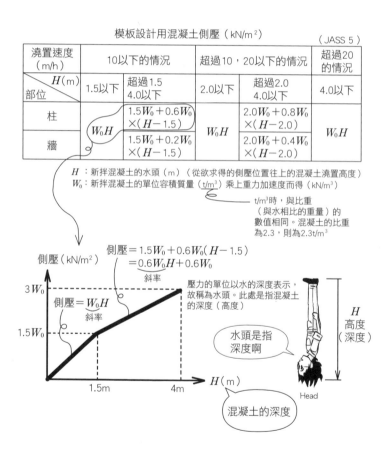

側壓（kN/m²）

側壓$=1.5W_0+0.6W_0(H-1.5)$
$=0.6W_0H+0.6W_0$
斜率

壓力的單位以水的深度表示，故稱為水頭。此處是指混凝土的深度（高度）

側壓$=W_0H$
斜率

$3W_0$

$1.5W_0$

水頭是指深度啊

1.5m　　4m　　H(m)

H 高度（深度）

Head

混凝土的深度

● H超過4m時，表示側壓過大，應盡量避免。若一定要施工，必須將泵浦前端盡量放入模板內，分層輪流進行澆置作業。輪流的方式是先澆置牆壁下半部，再往牆壁的其他部分輪流澆置，繞一圈讓下半部多少產生硬固之後再重疊澆置。

Q 使用高流動性混凝土時，混凝土的側壓要考慮黏性和硬化嗎？

▼

A 不必考慮，僅考慮重量所作用的壓力。

使用高流動性混凝土時，不必考慮黏性和硬化，與水相同，以重量作用的側壓計算。高度 H 的底面及與底面相接的側面，壓力為 ρgH，ρg 以 W_0 表示成為 $\underline{W_0 H}$，沒有因硬化而和緩的公式（g：重力加速度）。

9

模板‧支撐材作用的荷重

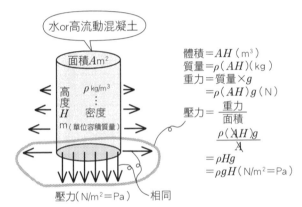

ρ 的單位為 t/m³（與比重為相同數值）時
質量 $=\rho(AH)$（t）
重力 $=\rho(AH)g$（kN）
壓力 $=\rho gH$（kN/m² $=$ kPa）
此時再以
$\rho g = W_0$ 表示，就成為
$\underline{壓力 = W_0 H}$，與 JASS 5 的表為相同公式

- 大氣壓力是上下左右皆有作用，相抵之後就只剩下水（混凝土）的壓力。
- 壓力 $=\rho gH$ 的公式，也會出現在給水設備的計算，也常用於物理領域，在這裡記下來吧。

Q 混凝土的澆置高度在4m以下，澆置速度超過20m/h時，側壓是多少？

▼

A 側壓為單位容積重量 W_0 (kN/m³)× 水頭 H(m)。

 澆置速度太快時，表示凝固前一個接一個進行混凝土澆置，混凝土的重量就會有側壓作用。側壓與水的側壓公式相同。<u>側壓為 W_0H，斜率為 W_0，是一定的直線</u>。

模板設計用混凝土側壓（kN/m²）　　　　　　　澆置速度太快，難以凝固（JASS 5）

澆置速度（m/h）	10以下的情況		超過10，20以下的情況		超過20的情況
H(m) 部位	1.5以下	超過1.5 4.0以下	2.0以下	超過2.0 4.0以下	4.0以下
柱	W_0H	$1.5W_0+0.6W_0 \times(H-1.5)$	W_0H	$2.0W_0+0.8W_0 \times(H-2.0)$	W_0H
牆		$1.5W_0+0.2W_0 \times(H-1.5)$		$2.0W_0+0.4W_0 \times(H-2.0)$	

H：新拌混凝土的水頭（m）（從欲求得的側壓位置往上的混凝土澆置高度）
W_0：新拌混凝土的單位容積質量（t/m³）乘上重力加速度而得（kN/m³）

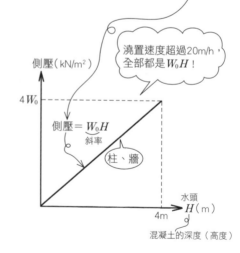

澆置速度超過20m/h，全部都是 W_0H！

側壓（kN/m²）

$4W_0$

側壓＝ $\underset{斜率}{W_0H}$

柱、牆

水頭 H(m)

4m

混凝土的深度（高度）

Q 混凝土的澆置高度在 4m 以下，澆置速度超過 20m/h 時，牆壁的側
壓會比柱的側壓小嗎？

▼

A 澆置速度超過每小時 20m 時不會。

混凝土作用在模板上的側壓，在一定深度（高度）以上時，比起牆
壁，柱的計算會比較大。因為柱的混凝土較多，凝固速度也比牆壁
慢。澆置速度超過 20m/h 時，如前頁所述，沒有因硬化而有斜率較
和緩的公式，柱和牆壁同樣是 W_0H。

9

模板・支撐材作用的荷重

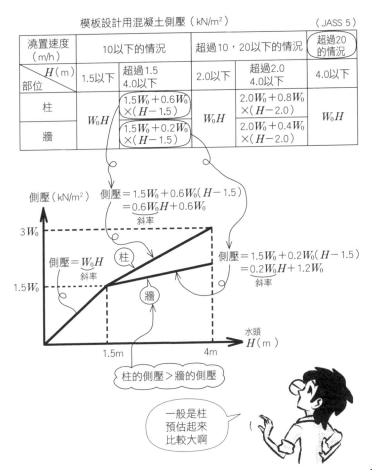

模板設計用混凝土側壓（kN/m²）　　　　　　　　　（JASS 5）

澆置速度 （m/h）	10以下的情況		超過10，20以下的情況		超過20 的情況
H（m） 部位	1.5以下	超過1.5 4.0以下	2.0以下	超過2.0 4.0以下	4.0以下
柱	W_0H	$1.5W_0+0.6W_0$ $\times(H-1.5)$	W_0H	$2.0W_0+0.8W_0$ $\times(H-2.0)$	W_0H
牆		$1.5W_0+0.2W_0$ $\times(H-1.5)$		$2.0W_0+0.4W_0$ $\times(H-2.0)$	

側壓（kN/m²）

側壓 $=1.5W_0+0.6W_0(H-1.5)$
$=\underline{0.6W_0}H+0.6W_0$
斜率

$3W_0$

側壓 $=\underline{W_0}H$
斜率

柱

側壓 $=1.5W_0+0.2W_0(H-1.5)$
$=\underline{0.2W_0}H+1.2W_0$
斜率

$1.5W_0$

牆

水頭
H（m）

1.5m　　　　　4m

柱的側壓＞牆的側壓

一般是柱
預估起來
比較大啊

Q 模板支撐材使用的鋼材，如何求得其容許彎曲應力？

▼

A 從降伏強度、抗拉強度的 3/4 之中，以較小值的 2/3 作為容許彎曲應力。

不是以較小值為基準，而是<u>取較小值的 2/3 以下</u>（勞安規）。

這個主題在結構領域相當重要，關於內力、應力、容許應力等，要好好複習牢記。用手捏橡皮擦時，因手指力量從橡皮擦外部作用，稱為<u>外力</u>。外力傳遞至橡皮擦整體，將橡皮擦的一部分切開來看，會因為壓縮而有縮短現象。在橡皮擦內部傳遞的力量，則是<u>內力</u>。

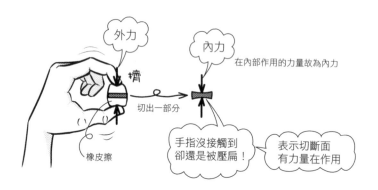

施加在建物的外力，主要有重量等的<u>荷重</u>，以及地面對重量產生的反作用力，稱為<u>反力</u>。因應外力而產生的就是柱梁承受的內力。

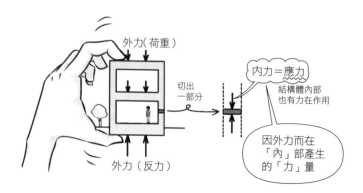

相同內力下,作用在每1mm²(每1cm²)細柱與粗柱的力,兩者是不相同的。柱是否會壞掉,要以每單位斷面積所承受的內力來考量。內力/斷面積所計算出的每單位斷面積內力,稱之為應力。單位為力/面積,常使用N/mm²(牛頓每釐米平方)。

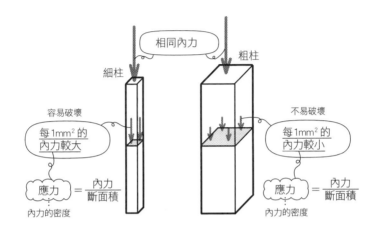

應力就像人口密度一樣,是表示內力的密度。

知道荷重後,可以得知作用在柱和梁等的內力,就能算出每單位斷面的應力。此應力若是在法定的容許應力以下,表示OK。容許應力是在確認材料強度安全無虞的情況下所制定的標準。

長期荷重是指長時間一直持續作用的重量。先計算出重量作用在結構體各部位的內力，再計算出各斷面的應力，而此長期荷重所作用的長期應力要在長期容許應力以下。長期容許應力就是長期應力的容許限度。

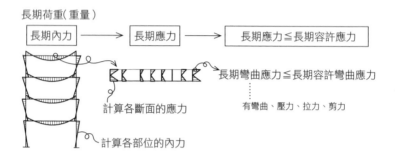

長期荷重（重量）

| 長期內力 | → | 長期應力 | → | 長期應力≦長期容許應力 |

長期彎曲應力≦長期容許彎曲應力

有彎曲、壓力、拉力、剪力

計算各斷面的應力

計算各部位的內力

長期應力是從長期荷重計算而得，短期應力則來自長期荷重＋短期荷重。因為非常時除了地震力的作用之外，重量也同時在作用。短期容許應力就是短期應力的容許限度。

有彎曲、壓力、拉力、剪力
⋮
短期彎曲應力≦短期容許彎曲應力

短期應力≦短期容許應力

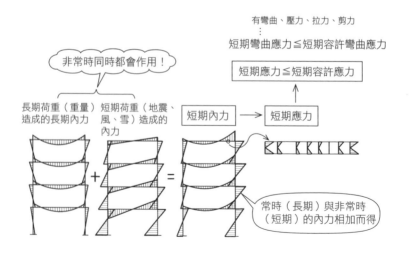

非常時同時都會作用！

長期荷重（重量）造成的長期內力　短期荷重（地震、風、雪）造成的內力

| 短期內力 | → | 短期應力 |

常時（長期）與非常時（短期）的內力相加而得

彈性是應力和應變成正比，在除去力之後會恢復原狀的性質。降伏
是彈性結束、塑性開始的點。就像材料舉起白旗投降、屈服
（yield）的意思，之後在相同力下會持續伸長。

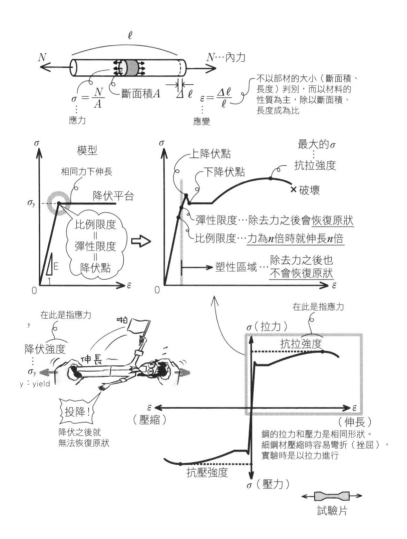

σ–ε的圖表，從原點直線向上至水平彎折成平台的最高點為<u>降伏強度</u>σ_y，而山頂的高度，最大值為<u>抗拉強度</u>σ_{max}。<u>基準強度F</u>是在結構計算中作為基準的強度。鋼材的F是從降伏強度、抗拉強度的<u>70%中，取較小值</u>（鋼規準）。平台的高度與山頂高度×0.7之中，以較低者作為F。鋼若是在工廠製造，F的值依製品而定。

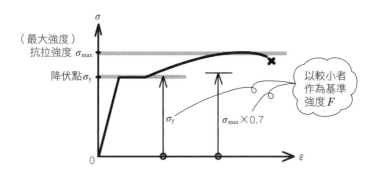

以建築結構用壓延鋼材SN400為例，抗拉強度σ_{max}為400N/mm^2，降伏強度σ_y為235N/mm^2，400×0.7=280>235，因此基準強度F就是235N/mm^2。一般多以σ_y作為F。

$$\text{SN400} \longrightarrow \begin{cases} \sigma_{max} = 400\text{N/mm}^2 \\ \sigma_y = 235\text{N/mm}^2 \longrightarrow F=235\text{N/mm}^2 \end{cases}$$

長期、短期的容許應力與基準強度F的關係，在日本建築基準法裡的定義如下表所示。鋼的壓力和拉力會有相同的σ–ε圖，容許應力也一樣。彎矩可以分解為壓力、拉力的應力，也會是相同的數值。

鋼材的容許應力

長期容許應力				短期容許應力			
壓力	拉力	彎曲	剪力	壓力	拉力	彎曲	剪力
$\frac{2}{3}F$			$\frac{2}{3\sqrt{3}}F$	F			$\frac{1}{\sqrt{3}}F$

日本基準法中將$\frac{2}{3}F$記為$\frac{F}{1.5}$，為了方便記憶，這裡以$\frac{2}{3}F$表示。

鋼的基準強度F，在σ–ε圖中是以降伏平台的高度為準。常時的重量、長期荷重作用的應力限度，<u>長期容許應力是設定在降伏平台高度的2/3</u>。大地震等非常時的情況下，地震的短期荷重與長期荷重同時作用。因此，大地震時的應力限度，<u>短期容許應力設定是降伏平台的高度</u>。

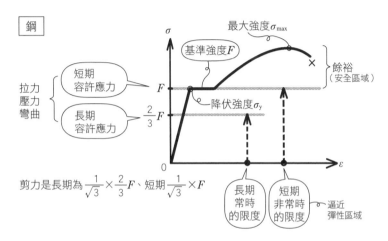

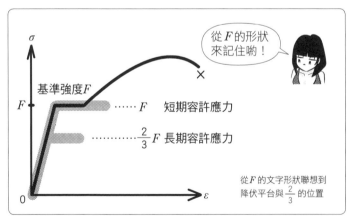

● 結果長期容許應力常是σ_{max}的約1/2（安全係數2）。

混凝土的情況不像鋼是以製品決定強度，而是由設計者進行結構設計時決定的，因此稱為<u>設計基準強度F_c</u>，前面加了「設計」兩字。混凝土的$\sigma-\varepsilon$圖沒有降伏平台，以σ_{max}稍微下方作為F_c，<u>1/3F_c為長期容許應力，2/3F_c為短期容許應力</u>。2/3F_c處是降伏點，假設為彈性終結的位置。

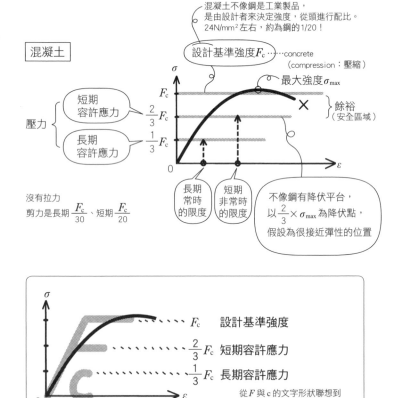

混凝土不像鋼是工業製品，是由設計者來決定強度，從頭進行配比。24N/mm²左右，約為鋼的1/20！

混凝土

設計基準強度F_c …concrete
（compression：壓縮）

最大強度σ_{max}

壓力 { 短期容許應力
長期容許應力

餘裕（安全區域）

沒有拉力
剪力是長期$\dfrac{F_c}{30}$、短期$\dfrac{F_c}{20}$

長期常時的限度

短期非常時的限度

不像鋼有降伏平台，以$\dfrac{2}{3}\times\sigma_{max}$為降伏點，假設為很接近彈性的位置

F_c 設計基準強度

$\dfrac{2}{3}F_c$ 短期容許應力

$\dfrac{1}{3}F_c$ 長期容許應力

從F與c的文字形狀聯想到
1、$\dfrac{2}{3}$、$\dfrac{1}{3}$的高度

● 鋼在長期的情況下是σ_{max}的約1/2（安全係數2），混凝土則是σ_{max}的約1/3（安全係數3）。

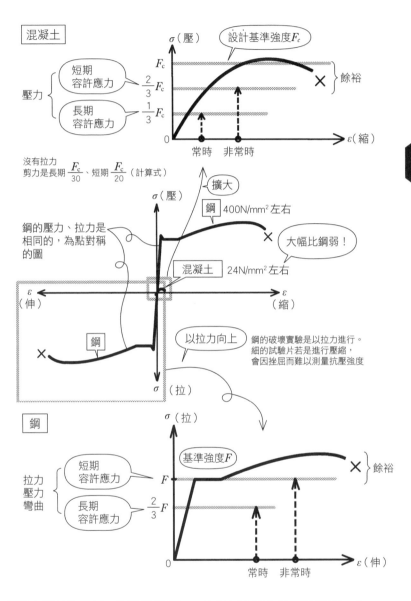

混凝土

σ（壓）

設計基準強度F_c

F_c

壓力 短期容許應力 $\frac{2}{3}F_c$

長期容許應力 $\frac{1}{3}F_c$

餘裕

0　常時　非常時　ε（縮）

沒有拉力
剪力是長期$\dfrac{F_c}{30}$、短期$\dfrac{F_c}{20}$（計算式）

σ（壓）

擴大

鋼 400N/mm² 左右

鋼的壓力、拉力是
相同的，為點對稱
的圖

混凝土 24N/mm² 左右

大幅比鋼弱！

ε
（伸）

ε
（縮）

鋼

以拉力向上

鋼的破壞實驗是以拉力進行。
細的試驗片若是進行壓縮，
會因挫屈而難以測量抗壓強度

σ（拉）

鋼

σ（拉）

基準強度F

拉力
壓力
彎曲

短期容許應力 F

長期容許應力 $\frac{2}{3}F$

餘裕

0　常時　非常時　ε（伸）

　模板支撐材的鋼材，取抗拉強度σ_{max}的3/4（0.75）及降伏強度σ_y之
中的較小者（相當於F），再以其2/3作為容許應力（勞安規）。支
撐材沒有預設大地震的情況，因此大致上與計算鋼的長期容許應力
（2/3F）方式相同。

Q 模板合板的容許彎曲應力是多少？

▼

A 以長期容許應力與短期容許應力的平均值作為容許應力。

複習一下彎曲應力。<u>彎矩 M</u> 是作用在構材兩側成對的力矩，讓斷面彎曲的一種力量。力矩之間力量會互相抵消，使物體彎曲而不會旋轉。

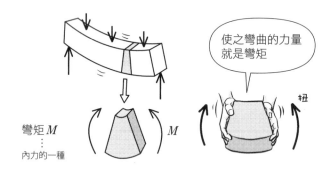

使之彎曲的力量
就是彎矩

扭

彎矩 M
⋮
內力的一種

M

注意彎曲部位的變形，上端縮得最小，下端伸得最長，中央的變形則為0。因此，最上端會有最大壓應力作用，下端則是有最大拉應力作用，中央的應力是0。如下圖右所示，彎矩 M 可分解成垂直作用在斷面的應力，也就是彎曲應力 σ_b。

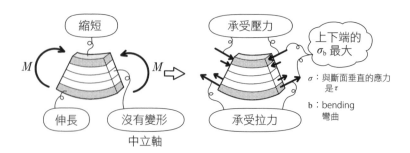

縮短

承受壓力

上下端的
σ_b 最大

σ：與斷面垂直的應力
是 τ

b：bending
彎曲

M

M

伸長

沒有變形

承受拉力

中立軸

由對稱或變形等的計算，可以算出構材各部位的 M。M 是以向下突出彎曲者為正，圖也是畫在突出側。M圖是以突出彎曲側表示，因此 M 圖與彎曲的形狀很類似，容易理解。

作用在合板上的荷重為均布荷重，跨距為地板格柵至地板格柵的距離，從公式就可以 很 輕 鬆 求 得 M 的最大 M_{max}。距離中立軸 y 的彎曲應力 σ_b，以 $\dfrac{My}{I} = \dfrac{My}{Z}$ 表示。

上下端的 σ_b 為最大，計算時 y 是以距離上下端的 y_{max} 進行，確認是否在容許彎曲應力以下。合板是以厚度的一半為 y_{max}。

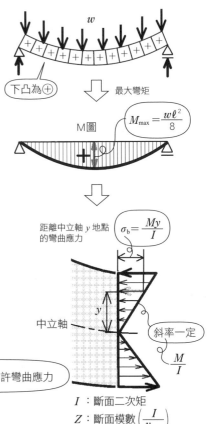

w

下凸為⊕

最大彎矩

M圖

$$M_{max} = \frac{w\ell^2}{8}$$

距離中立軸 y 地點的彎曲應力

$$\sigma_b = \frac{My}{I}$$

中立軸

y

斜率一定

$$\frac{M}{I}$$

I：斷面二次矩

Z：斷面模數 $\left(\dfrac{I}{y_{max}}\right)$

I、Z 都是表示彎曲難易度的係數。由斷面形狀長方形、H形等來決定的係數，可參考彙整的相關表格

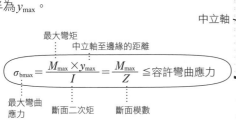

最大彎矩

中立軸至邊緣的距離

$$\sigma_{bmax} = \frac{M_{max} \times y_{max}}{I} = \frac{M_{max}}{Z} \leq 容許彎曲應力$$

最大彎曲應力

斷面二次矩

斷面模數

9

模板・支撐材作用的荷重

木材的 $\sigma_b{-}\varepsilon$ 圖，不像鋼有明顯的降伏平台。此時的容許彎曲應力以最大值 F_b 的 1.1/3×F、2/3×F 來決定。與決定混凝土容許壓應力的方法很類似。此外，在模板的計算上，支撐材以外是以長期容許應力與短期容許應力的平均值作為容許應力（JASS 5）。相較於只以長期的重量作用，這是較安全的設定。

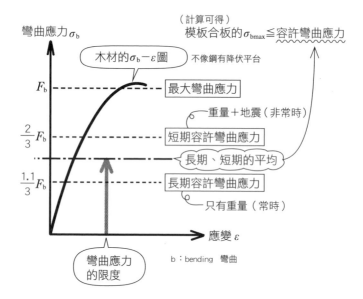

（計算可得）
模板合板的 σ_{bmax} ≦容許彎曲應力

彎曲應力 σ_b

木材的 $\sigma_b{-}\varepsilon$ 圖　不像鋼有降伏平台

F_b ---- 最大彎曲應力

重量＋地震（非常時）

$\frac{2}{3}F_b$ ---- 短期容許彎曲應力

長期、短期的平均

$\frac{1.1}{3}F_b$ ---- 長期容許彎曲應力

只有重量（常時）

應變 ε

彎曲應力
的限度

b：bending 彎曲

Q 模板的彈性模數，在長邊方向與短邊方向會不同嗎？

▼

A 短邊方向的彈性模數會稍微小一些。

彎曲、壓力、拉力在變形小的部分，力與變形皆成比例關係，除去力之後就會恢復原狀，兩者的關係為 $\sigma = E\varepsilon$。<u>彈性模數 E 是由材料決定的係數</u>。

模板合板是由木紋縱橫交錯重疊製成，多少受到紋路方向性的影響，相較於長邊方向的 E，短邊方向的 E 會稍微小一些。

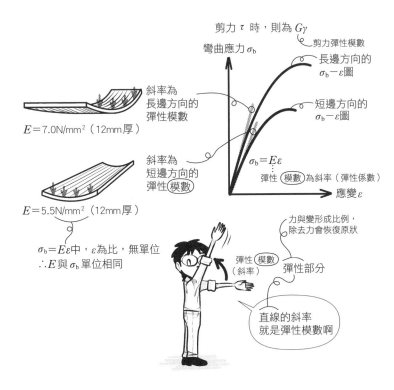

剪力 τ 時，則為 $G\gamma$

剪力彈性模數

彎曲應力 σ_b

長邊方向的 $\sigma_b - \varepsilon$ 圖

斜率為長邊方向的彈性模數

短邊方向的 $\sigma_b - \varepsilon$ 圖

$E = 7.0\text{N/mm}^2$（12mm厚）

斜率為短邊方向的彈性（模數）

$\sigma_b = E\varepsilon$

彈性（模數）為斜率（彈性係數）

應變 ε

$E = 5.5\text{N/mm}^2$（12mm厚）

$\sigma_b = E\varepsilon$ 中，ε 為比，無單位
∴ E 與 σ_b 單位相同

力與變形成比例，除去力會恢復原狀

彈性（模數）（斜率）

彈性部分

直線的斜率就是彈性模數啊

9

模板・支撐材作用的荷重

• 依據濕潤程度，E 也會變小。

Q 模板各構材的容許變形量是多少？

A 2mm左右。

側壓或垂直荷重造成模板各構材的<u>容許變形量，大致是2mm左右</u>（JASS 5解說）。這是模板、支撐材等各構材的容許變形量。個別的變形相加計算就是<u>整體的容許變形量，合計要在5mm以下</u>。

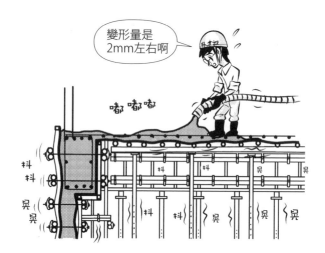

Q 計算模板的地板梁撓度時，應該使用簡支承還是兩端固定支承？

▼

A 以簡支承與兩端固定支承的撓度平均值為準。

■ 先來複習一下梁撓度δ的公式。承受均布荷重 ω(N/m、kN/m) 的梁中央的 δ，與兩端固定相比，簡支承（一側為鉸支承，一側為滾支承）會大5倍。

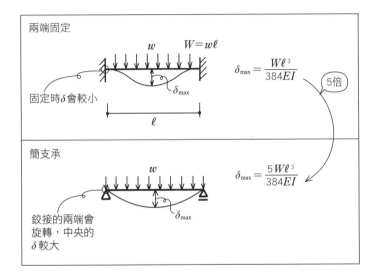

兩端固定

w　　$W=w\ell$

固定時δ會較小

$\delta_{\max}$

ℓ

$\delta_{\max} = \dfrac{W\ell^3}{384EI}$

（5倍）

簡支承

w

鉸接的兩端會旋轉，中央的δ較大

$\delta_{\max}$

$\delta_{\max} = \dfrac{5W\ell^3}{384EI}$

為了讓 ℓ 的次方與集中荷重 P 的公式相同，力 ω(N/m) 以 $W=\omega\ell$ (N) 來記住比較輕鬆。公式的分母為 EI（彎曲剛度），分子的 ℓ 為3次方。

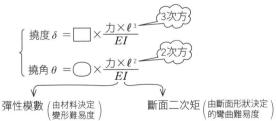

撓度 $\delta = \square \times \dfrac{力 \times \ell^3}{EI}$　（3次方）

撓角 $\theta = \bigcirc \times \dfrac{力 \times \ell^2}{EI}$　（2次方）

彈性模數（由材料決定變形難易度）　　斷面二次矩（由斷面形狀決定的彎曲難易度）

$E \times I$ 稱為**彎曲剛度**，表示彎曲難易度的係數。

9

公式中<u>彈性模數 E ×斷面二次矩 I 的乘積稱為彎曲剛度</u>，表示彎曲難易度的係數。<u>EI 越大表示越難彎曲，δ、θ 的公式一定會有 EI 在分母。</u><u>彈性模數 E 是由材料決定的係數</u>，<u>斷面二次矩則是由斷面形狀決定的係數。</u>

δ 公式中的 ℓ 為 3 次方，θ 公式的 ℓ 則為 2 次方。ℓ 的單位為 m（公尺）時，δ 分母的單位 m^2 約分之後剩下 m，θ 則是 m 都消去。角度是（弧長）／（半徑），使用沒有實質單位的弧度（rad），故沒有單位。

撓度 δ ⟶ Δ ⟶ 3角形 ⟶ 3次方 ⟶ $\delta = \Box \times \dfrac{\text{力} \times \ell^{③}}{EI}$

撓角 θ ⟶ ⟶ 2邊的角度 ⟶ 2次方 ⟶ $\theta = \bigcirc \times \dfrac{\text{力} \times \ell^{②}}{EI}$

下面提供集中荷重 P 的 δ 公式，一起記下來吧。

$\dfrac{\ell}{2}$ $\dfrac{\ell}{2}$ $\delta_{max} = \dfrac{P\ell^3}{192EI}$

δ_{max}

4倍

$\dfrac{\ell}{2}$ P $\dfrac{\ell}{2}$ $\delta_{max} = \dfrac{P\ell^3}{48EI}$

δ_{max}

計算模板撓度時，不像簡支梁的支點可以自由旋轉，也不像兩端固定梁有確實固定，因此撓度 δ 是取簡支梁與兩端固定梁的平均。

均布荷重 $w\,(W=w\ell)$ ⟶ 撓度 $\delta = \dfrac{1}{2}\left\{\dfrac{1}{384}\dfrac{w\ell^3}{EI} + \dfrac{5}{384}\dfrac{w\ell^3}{EI}\right\} = \dfrac{w\ell^3}{128EI}$

中央集中荷重 P ⟶ 撓度 $\delta = \dfrac{1}{2}\left\{\dfrac{1}{192}\dfrac{P\ell^3}{EI} + \dfrac{1}{48}\dfrac{P\ell^3}{EI}\right\} = \dfrac{5P\ell^3}{384EI}$

考慮合板的襯板經過轉用會劣化，δ 會變大，可用簡支梁計算。其他的襯板、地板格柵（內方材）、地板梁（外方材）都是使用簡支梁與兩端固定梁的平均公式。

舉例來說，求取下方地板梁的撓度 δ 時，各個地板格柵受到 A、B、C 的重量作用，重量會由地板格柵集中到地板梁承受，組成 δ 的公式。此時可以使用簡支梁與兩端固定梁的平均公式來計算 δ，確認 $\delta \leqq 2mm$。

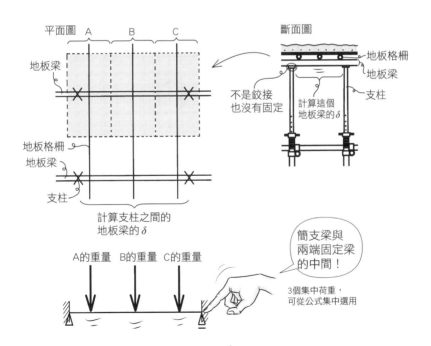

9

模板‧支撐材作用的荷重

Q 拆除梁的模板時，襯板的拆除順序為何？

A 先拆除側板，最後是底板和支柱。

🟦 除了梁本身的重量之外，拆掉樓板下的支柱後，梁還要承載整個樓板的重量。因此，梁的水平襯板（底板）和支柱要保留到最後再拆。側板可以先拆除，橫向拆除後還是可以保持穩定。

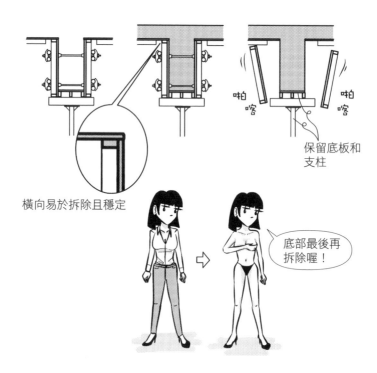

保留底板和
支柱

橫向易於拆除且穩定

底部最後再
拆除喔！

Q 襯板的保留期間必須同時滿足混凝土材齡與抗壓強度嗎？

▼

A 只要滿足其中一方就可以拆除。

襯板與支撐材的保留期間，依據計畫使用期限和部位，以<u>抗壓強度與材齡中最小的保留期間為準</u>。<u>強度與材齡之中，只要滿足任何一方，就可以進行拆除</u>。例如決定5天拆除的部位，若要提早拆除，只要經過強度試驗確認沒問題，就可在4天拆除。

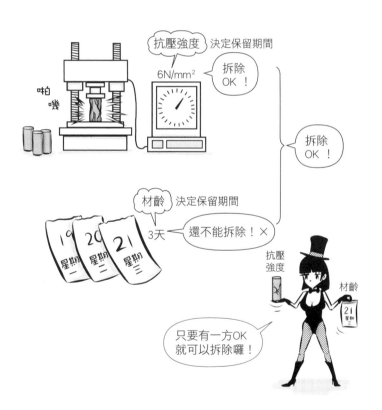

9

模板・支撐材作用的荷重

Q 柱、牆壁、梁側、基礎的襯板保留期間，混凝土抗壓強度要在多少 N/mm²以上？（計畫使用期限為短期、標準）

▼

A 5N/mm²以上。

梁的側面、柱、牆壁、基礎等<u>垂直的襯板</u>，在<u>短期、標準</u>的情況下，抗壓強度要在<u>5N/mm²以上</u>。垂直面的襯板不需要支撐重量，混凝土凝固到某種程度，側面液體的壓力消失後，就可以拆除（JASS 5）。

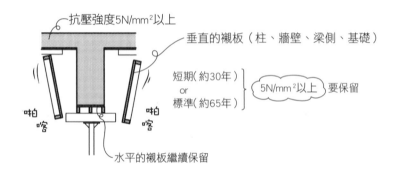

抗壓強度5N/mm²以上
垂直的襯板（柱、牆壁、梁側、基礎）
短期(約30年)
or
標準(約65年)
5N/mm²以上 要保留
水平的襯板繼續保留

Q 柱、牆壁、梁側、基礎的襯板保留期間，混凝土抗壓強度要在多少 N/mm² 以上？（計畫使用期限為長期、超長期）

▼

A 10N/mm² 以上。

梁的側面、柱、牆壁、基礎等<u>垂直的襯板</u>，在<u>長期、超長期</u>的情況下，抗壓強度要在<u>10N/mm² 以上</u>（JASS 5）。

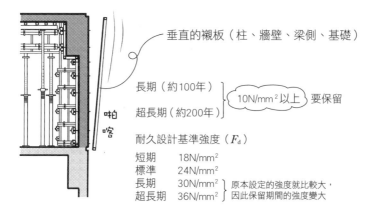

垂直的襯板（柱、牆壁、梁側、基礎）

長期（約100年）
超長期（約200年）　} 10N/mm² 以上 } 要保留

耐久設計基準強度（F_d）

短期　　18N/mm²
標準　　24N/mm²
長期　　30N/mm²　} 原本設定的強度就比較大，
超長期　36N/mm²　} 因此保留期間的強度變大

9

模板・支撐材作用的荷重

Q 柱、牆壁、梁側、基礎的襯板保留期間，高強度混凝土的抗壓強度
要在多少 N/mm² 以上？

▼

A 10N/mm² 以上。

■ 高強度混凝土在 JASS 5 中有規定規格，設計基準強度 F_c 要超過
36N/mm²。

　　高強度混凝土…超過 36N/mm²

計畫使用期限為超長期的耐久設計基準強度 F_d 為 36N/mm²，高強
度混凝土與超長期（200 年）的等級相當。因此，垂直的襯板保留
期間，與長期、超長期同樣是 10N/mm² 以上。

垂直的襯板（柱、牆壁、梁側、基礎）

10N/mm² 以上 要保留

啪
喀

啪
喀

耐久設計基準強度（F_d）

短期	18N/mm²
標準	24N/mm²
長期	30N/mm²
超長期	36N/mm²

高強度混凝土的基準強度
要超過36N/mm²，與計畫
使用期限為超長期的等級
相當

Q 若沒有進行濕治養護，柱、牆壁、梁側、基礎的襯板保留期間，混
凝土抗壓強度要在多少N/mm²以上？（計畫使用期限為短期、標準）

▼

A 濕治養護為5N/mm²，若沒有進行就是10N/mm²以上。

襯板的保留期間，短期、標準為5N/mm²以上，長期、超長期為
10N/mm²以上。但這是襯板拆除後有進行濕治養護的情況。沒有進
行濕治養護時，分別為10N/mm²以上、15N/mm²以上。
襯板拆除後，混凝土表面乾燥，強度會出不來。此時需要灑水，使
混凝土飽含水分，或是蓋上塑膠布（帆布）。混凝土保持濕潤進行
養護，稱為濕治養護。樓板上沒有襯板，澆置混凝土後也要進行濕
治養護。濕治養護期間，若為短期、標準是5天以上，長期、超長
期則是7天以上（參見R313）。

9

模板・支撐材作用的荷重

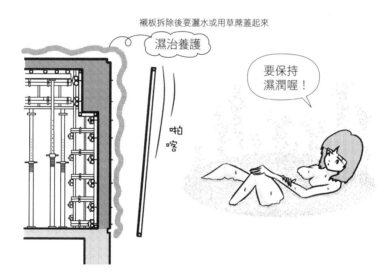

襯板拆除後要灑水或用草蓆蓋起來

濕治養護

要保持
濕潤喔！

啪
喀

下圖是比較混凝土在不同養護條件下的強度。連續濕治養護會有最大的強度，連續空氣養護的強度變成一半以下。混凝土澆置後的數日是急速凝固的時期，3天後拆除襯板放置在空氣中，強度會上不去，要特別注意。若在早期就拆除襯板，一定要進行濕治養護，或是強度達一定程度後再拆除放置在空氣中。

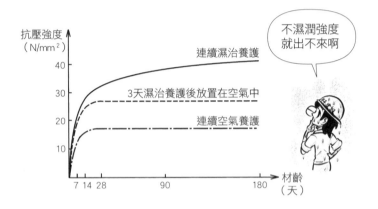

襯板拆除後若沒有濕治養護，短期、標準要在10N/mm²以上，長期、超長期要在15N/mm²以上，必須各增加5N/mm²（JASS 5）。

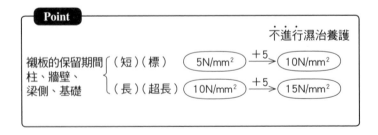

Q 混凝土澆置經過5天後，此期間的平均氣溫為20℃以上。此時梁側面的襯板可以不進行抗壓強度試驗就拆除嗎？（計畫使用期限為短期、標準）

▼

A 可以。

垂直的襯板在1週左右就可以拆除，若需要早一點拆除，可依如下JASS 5表格進行。20℃以上、4天以上就可以拆除。

決定基礎、梁側、柱和牆壁的襯板保留期間的混凝土材齡

水泥種類 平均氣溫	混凝土的材齡（天）		
	早強波特蘭水泥	普通波特蘭水泥 高爐水泥A種 矽灰水泥A種 飛灰水泥A種	高爐水泥B種 矽灰水泥B種 飛灰水泥B種
20℃以上	2	4	5
未滿20℃ 10℃以上	3	6	8

（JASS 5）　　　　　　　　記住這裡　　　　計畫使用期限級別：短期、標準

9

模板・支撐材作用的荷重

Q 氣溫10℃以上、未滿20℃的情況下，柱、牆壁、梁側、基礎的襯板保留期間，混凝土的材齡要在幾天以上？（計畫使用期限為短期、標準）

▼

A 6天以上。

混凝土在高氣溫下較早凝固，低氣溫則是緩慢凝固。關於襯板保留的JASS 5表格中，以20℃為界線決定材齡。題目設定10℃以上、未滿20℃，屬於緩慢凝固，因此襯板需要保留6天。

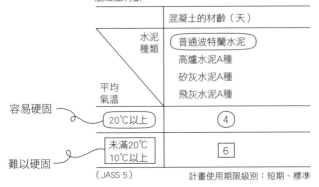

決定基礎、梁側、柱和牆壁的襯板保留期間的混凝土材齡

	混凝土的材齡（天）
水泥種類	普通波特蘭水泥
	高爐水泥A種
	矽灰水泥A種
平均氣溫	飛灰水泥A種
20℃以上	④
未滿20℃ 10℃以上	6

容易硬固 → 20℃以上

難以硬固 → 未滿20℃ 10℃以上

（JASS 5）　　　計畫使用期限級別：短期、標準

Q 普通波特蘭水泥變更為高爐水泥B種時，可以縮短襯板保留期間的
　　材齡嗎？

▼

A 凝固的速度會變慢，保留期間的材齡會變長。

水泥與煉鋼廠或火力發電廠產出的礦渣或灰渣混合時，有抑制水化
熱與鹼骨材反應的效果。這種水泥稱為混合水泥。混合水泥依據混
合量為A種<B種<C種。由於水泥減少，凝固速度隨著混合量增加
而變慢。題目設定由普通波特蘭水泥變更為高爐水泥B種，因此保
留期間會增長。

9 模板‧支撐材作用的荷重

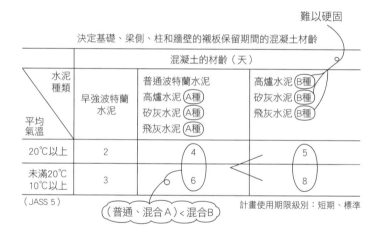

決定基礎、梁側、柱和牆壁的襯板保留期間的混凝土材齡

水泥種類 平均氣溫	混凝土的材齡（天）		
	早強波特蘭水泥	普通波特蘭水泥 高爐水泥 A種 矽灰水泥 A種 飛灰水泥 A種	高爐水泥 B種 矽灰水泥 B種 飛灰水泥 B種
20℃以上	2	4	5
未滿20℃ 10℃以上	3	6	8

難以硬固

（普通、混合A）< 混合B

（JASS 5）　　　　　　　　　　　　計畫使用期限級別：短期、標準

高爐水泥 … 與煉鋼廠高爐產出的礦渣，即高爐爐渣（slag），混合而成的水泥

矽灰水泥 … 與天然矽土（矽石）的矽灰混合而成的水泥

飛灰水泥 … 與火力發電廠產出的灰渣，即飛灰（fly ash），混合而成的水泥

Q 拆除梁下、樓板下的水平襯板時,設計基準強度F_c要在多少%以上?

▼

A F_c達50%以上,就可以拆除水平襯板。

只要有設計基準強度F_c的50%,樓板下、梁下的水平襯板就可以拆除。JASS 5中,原則上水平襯板是在支撐材拆除之後再予以拆除。

模板支撐架等支撐材若與襯板一起拆除,梁和樓板會有下陷的風險。因此,F_c分別達到100%、85%之前,不能拆除支撐材。

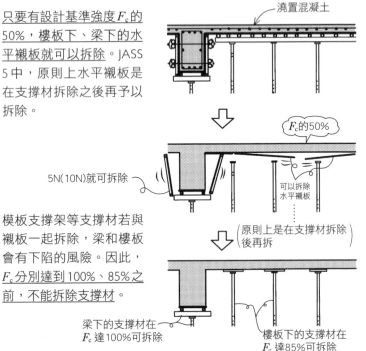

澆置混凝土

F_c的50%

5N(10N)就可拆除

可以拆除水平襯板

原則上是在支撐材拆除後再拆

梁下的支撐材在F_c達100%可拆除

樓板下的支撐材在F_c達85%可拆除

Q 拆除梁下的支撐材時,設計基準強度F_c要在多少%以上?

▼

A F_c達100%之前,都不能拆除梁下的支撐材。梁下的支撐材要保留到最後。

梁下的支撐材(支柱)在設計基準強度F_c達100%之前,都不能拆除。
水平的襯板可在F_c達50%時拆除。以模板支撐架作為支柱時,會先旋轉螺栓暫時讓高度下降,拆除上方的襯板、地板格柵和地板梁等。接著在樓板下方以頂板夾住,再將模板支撐架往上頂。這項作業稱為支柱替換。襯板會繼續轉用至上層工程,若希望早點拆除,經常採用支柱替換。

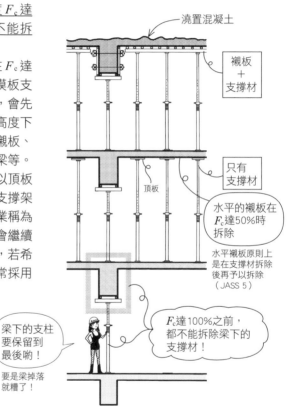

澆置混凝土

襯板＋支撐材

只有支撐材

頂板

水平的襯板在F_c達50%時拆除

水平襯板原則上是在支撐材拆除後再予以拆除（JASS 5）

F_c達100%之前,都不能拆除梁下的支撐材!

梁下的支柱要保留到最後喲!

要是梁掉落就糟了!

F_c 的F：force、c：compression（壓縮）
替換：拆除假設工程進行移設

9
模板・支撐材作用的荷重

Q 拆除樓板下的支撐材時，設計基準強度 F_c 要在多少％以上？

▼

A F_c 達85%以上時，就可以拆除樓板下的支撐材。

 梁是承受最多重量的結構重要部分，若是設計基準強度 F_c 沒有達到100%，不能拆除支撐材。另一方面，樓板下的支撐材達85%以上就可以拆除（建告、共說）。

兩者的抗壓強度都必須有12N/mm²（JASS 5）。

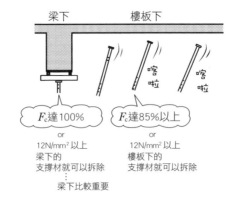

Q 拆除梁下、樓板下的支撐材時，抗壓強度要在多少N/mm²以上？

▼

A 12N/mm²以上，就可以拆除梁下、樓板下的支撐材（需要進行結構計算確認安全）。

梁下、樓板下支撐材的保留期間基準，除了 F_c 達100%、85%之外，兩者的抗壓強度在12N/mm²以上就可以拆除（JASS 5）。
此時需要透過結構計算來確保安全無虞。

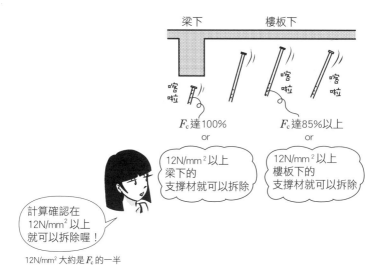

12N/mm² 大約是 F_c 的一半

Q 拆除懸臂梁、懸臂板的支撐材時，設計基準強度 F_c 要在多少％以上？

▼

A F_c 達100％之前，都不能拆除懸臂梁、懸臂板的支撐材。

懸臂梁、懸臂板是最容易產生撓曲的部分。因此，支撐材的保留期間要等到 F_c 達<u>100％</u>才行。

屋簷也是懸臂板的一種，在 F_c 達100％之前，都不能拆除支撐材。

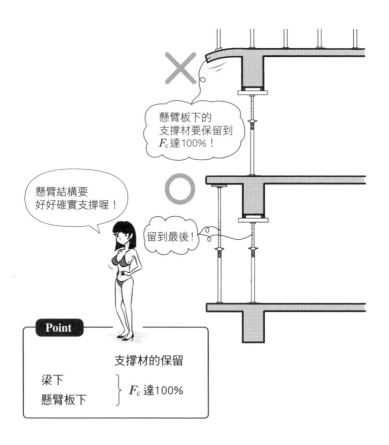

Q 樓板下、大梁下的支柱可以進行替換嗎？

A 樓板下的支柱可以替換，大梁下的不行。

水平襯板的保留期間是 F_c 達50%，樓板下支撐材的保留期間是達85%，因此支撐材的保留期間比水平襯板久。若要早一點拆除襯板移至上層使用，暫時拆掉支柱，只拆除襯板、地板格柵、地板梁。之後再重新伸長支柱，以頂板繼續支撐樓板。這項作業稱為支柱替換。大梁不能進行支柱替換。因為大梁承受很大的荷重，替換支柱相當危險。

9

模板・支撐材作用的荷重

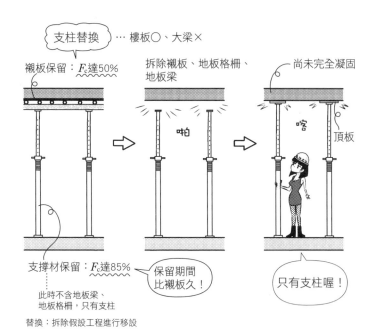

替換：拆除假設工程進行移設

Q 上下層的支柱位置要如何設置？

▼

A 為了讓重量可以順利傳遞，盡量設置在相同位置上。

支柱的位置若有交錯，重量無法順利向下傳遞，樓板會有變形的疑慮。因此，上下層的支柱在平面上會垂直設立在相同位置。

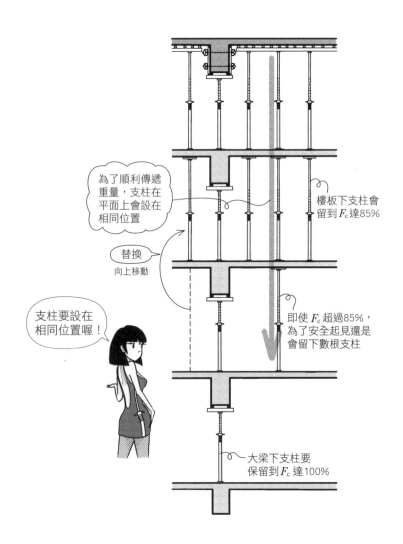

為了順利傳遞重量，支柱在平面上會設在相同位置

替換
向上移動

支柱要設在相同位置喔！

樓板下支柱會留到 F_c 達85%

即使 F_c 超過85%，為了安全起見還是會留下數根支柱

大梁下支柱要保留到 F_c 達100%

Q 襯板與支撐材的保留期間以抗壓強度為基準時，如何進行試體的養護？

▼

A 以條件接近結構體的混凝土，進行現場水中養護或現場密封養護。

混凝土試體（用來試驗的物體）的養護方法（維持在一定的環境下），有如下三種。

> 標準養護………溫度保持定值的20±3℃，放置在水中
> 現場水中養護…依現場氣溫放置在水中
> 現場密封養護…依現場氣溫以塑膠布等包覆放置

年輕建物的本體強度與現場氣溫養護的試體強度最接近，因此<u>保留期間的強度採現場水中養護或現場密封養護</u>。

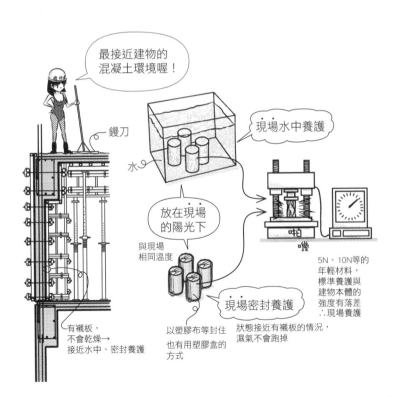

最接近建物的
混凝土環境喔！

鏝刀

現場水中養護

水

放在現場
的陽光下

與現場
相同溫度

5N、10N等的
年輕材料，
標準養護與
建物本體的
強度有落差
∴現場養護

有襯板，
不會乾燥→
接近水中、密封養護

以塑膠布等封住
也有用塑膠盒的
方式

現場密封養護

狀態接近有襯板的情況，
濕氣不會跑掉

啪

噗

9

模板・支撐材作用的荷重

如下圖所示，不要切到鋼筋進行<u>鑽心取樣</u>，可以測得正確的<u>結構體強度（鑽心強度）</u>。

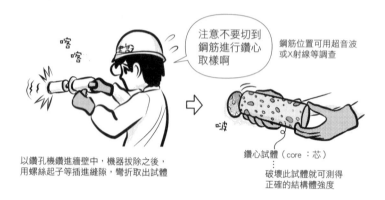

如下圖所示

注意不要切到鋼筋進行鑽心取樣啊

鋼筋位置可用超音波或X射線等調查

以鑽孔機鑽進牆壁中，機器拔除之後，用螺絲起子等插進縫隙，彎折取出試體

鑽心試體（core：芯）

破壞此試體就可測得正確的結構體強度

各種強度以圖表表示如下。鑽心強度就是結構體強度，最接近的是現場密封養護、現場水中養護。標準養護在試驗期間是以穩定的約20℃在水中養護，強度自然比較大。

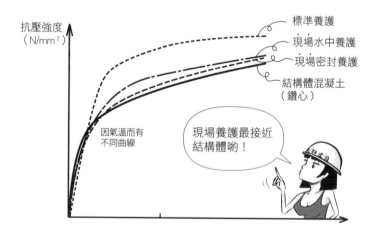

抗壓強度（N/mm²）

標準養護
現場水中養護
現場密封養護
結構體混凝土（鑽心）

因氣溫而有不同曲線

現場養護最接近結構體喲！

關於模板的保留期間，分為襯板的保留期間和支撐材（支柱）的保留期間。各自有抗壓強度、天數的要求，稍微有些複雜。這裡整理出具代表性的保留期間，好好記下來吧。

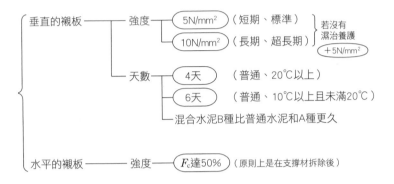

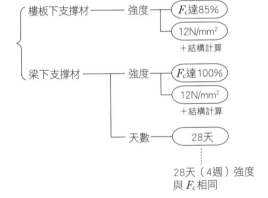

9

模板‧支撐材作用的荷重

Q 預鑄混凝土在多少N/mm²時可以脫模？

▼

A 平坦模具在12N/mm²左右，70°~80°傾斜模具則是8~10N/mm²左右。

■ 牢記模板脫模時的強度和天數時，順便記住預鑄混凝土（precast concrete：事先澆置完成的混凝土）脫模時的強度吧。模具（混凝土凝固之前鑄型的模板）若是在平放狀態下脫模，強度要在12N/mm²左右；70°~80°傾斜狀態下脫模，則是必須有8~10N/mm²左右（JASS 10）。

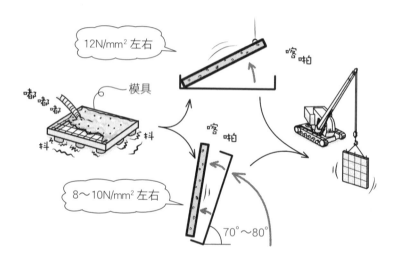

Q 預鑄混凝土脫模的試體是標準養護還是加熱濕治養護？

▼

A 以接近預鑄混凝土的條件，使用蒸氣等的加熱濕治養護。

 預鑄混凝土使用蒸氣等的<u>加熱濕治養護</u>，強度會比較早出現。試體也以相同條件進行加熱濕治養護。<u>標準養護</u>是在20±3℃的水中進行養護。

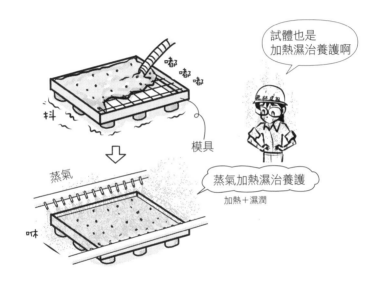

試體也是
加熱濕治養護啊

模具

蒸氣

抖

嘟
嘟 嘟

蒸氣加熱濕治養護

加熱＋濕潤

咻

Q 波特蘭水泥的主要原料是什麼？

▼

A 石灰石、黏土、矽石、鐵、石膏等。

波特蘭水泥得名自其顏色與英國
波特蘭島（Isle of Portland）的石
灰石十分相似，英國泥瓦匠約瑟
夫・阿斯普丁（Joseph Aspdin）
取得專利命名。一般的水泥都是
波特蘭水泥。

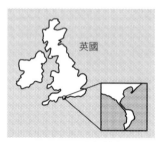

波特蘭島

石灰石、黏土（氧化矽、氧化鋁）、矽石（氧化矽）、鐵原料等在旋
轉窯（rotary kiln）中以1500℃左右進行煅燒，製成水泥熟料（clin-
ker，水泥原料在窯裡煅燒而成的塊狀物）。將水泥熟料粉碎，最後
加入石膏粉末，就形成水泥。加入石膏是為了減緩凝固的時間。

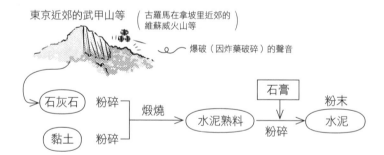

Q 水泥的粒子越細，比表面積會如何？

▼

A 會越大。

比表面積是由表面積÷質量而得，也就是與質量相比的表面積，表示1g等的每單位質量有多少表面積（cm² 等）。

表面積/質量

比表面積

小 < 大

2500cm²/g   4000cm²/g

如右圖所示，在相同質量下，因形狀不同而有2500cm²/g、4000cm²/g的不同比表面積。表面越凹凸不平、粒子越細，比表面積就越大。比表面積也稱為細度。

水泥的粒子越細，比表面積就越大。水泥和水的接觸面積越大，水和水泥產生硬固的水化反應（水合反應）效果越好。因此，水泥要盡量做成細緻的粉末，有利於產生水化反應。也有人說水泥製造是一種粉碎產業。

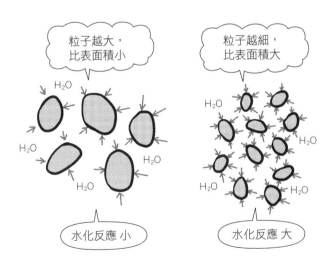

粒子越大，
比表面積小

粒子越細，
比表面積大

H_2O

H_2O

H_2O

H_2O

H_2O

H_2O

H_2O

H_2O

H_2O

H_2O

水化反應 小

水化反應 大

10

水泥·骨材

Q 早強波特蘭水泥與普通波特蘭水泥相比，早期強度、水化熱會如何？

▼

A 早期強度較大，水化熱也較大。

早強波特蘭水泥的水泥粒子比普通波特蘭水泥小，且水化速度大的矽酸三鈣成分較多。因此，水化反應比較活潑，早期強度、水化熱都比較大。一般而言，早期強度大的水泥其水化熱也較大，早期強度小的水泥則水化熱小。

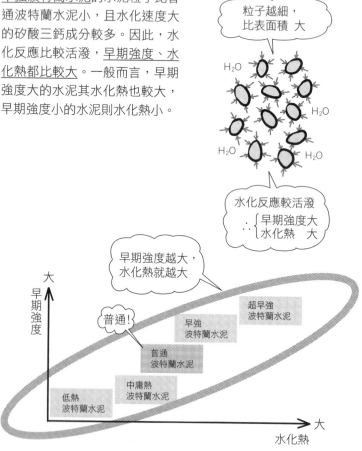

- 水泥與水的水化反應會產生硬固。不是因為乾燥而凝固。水會進入水合結晶之中。沒有產生水化反應的水若是堆積在水合結晶中，乾燥之後會導致乾燥收縮而產生裂縫。

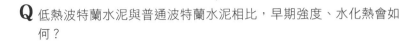

Q 低熱波特蘭水泥與普通波特蘭水泥相比，早期強度、水化熱會如何？

▼

A 早期強度較低，水化熱也較小。

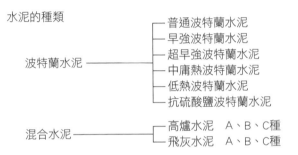 <u>普通波特蘭水泥</u>的「普通」，就是指不是超早強、早強、中庸熱（平熱、中度水化熱）、低熱等。要記住波特蘭水泥，就從普通波特蘭水泥開始。

水泥的種類

波特蘭水泥 ─── 普通波特蘭水泥
　　　　　　　├─ 早強波特蘭水泥
　　　　　　　├─ 超早強波特蘭水泥
　　　　　　　├─ 中庸熱波特蘭水泥
　　　　　　　├─ 低熱波特蘭水泥
　　　　　　　└─ 抗硫酸鹽波特蘭水泥

混合水泥 ───── 高爐水泥　A、B、C種
　　　　　　　└─ 飛灰水泥　A、B、C種

水泥與水反應產生硬固（<u>水化反應</u>）時，會產生熱（水化熱）。若為大斷面的混凝土（<u>巨積混凝土</u>），其水化熱冷卻速度在內部與表面會有差異，造成裂縫（<u>溫差裂縫</u>）。為了避免溫差裂縫，開發了低熱和中庸熱波特蘭水泥。由於降低了水化熱，抑制水化反應的速度，因此早期強度會較小。

水化熱小的話，
早期強度也會小喔！

Point

水化反應　小 ⇨ ｛ 早期強度小
　　　　　　　　 水化熱　小

● 低熱波特蘭水泥的早期強度較小，但長期強度會比其他水泥大，是會逐漸變強的水泥。

右側邊欄：10 水泥‧骨材

Q 高爐水泥與普通波特蘭水泥相比，早期強度、水化熱會如何？

▼

A 早期強度較低，水化熱也較小。

高爐水泥（鼓風爐渣水泥）是混合煉鋼廠產出的爐渣而成。與發電廠的灰渣混合而成的飛灰水泥相同，都是混合水泥。兩者皆依混合量排序為A種＜B種＜C種。由於混合水泥是減少水泥量，加入爐渣或灰渣，因此水化熱會較小。

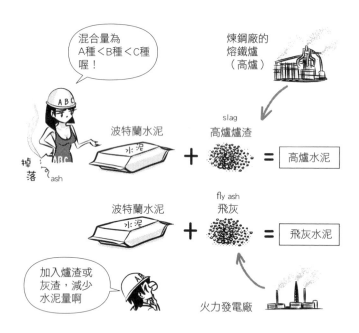

● 高爐爐渣、飛灰、矽灰等，跟水泥一樣會硬化。加入這些材料是為了增加強度、水密性、化學抵抗性等效果。

Q 混凝土中的水泥占有多少絕對容積比？

▼

A 約10%。

 混凝土中的水泥容積約為10%。水泥＋水成為水泥漿體（水泥糊漿），水泥漿體再加上細骨材（砂）與粗骨材（礫石）就成為混凝土。記住大概的容積比例比較方便。絕對容積是指除去空隙、縫隙之後的實際容積。

除去空隙後的容積……混凝土中的絕對容積比

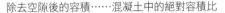

空氣約5%	水泥約10%	水約15%	細骨材（砂）約30%	粗骨材（礫石）約40%

水泥漿體約30%　　　　骨材約70%

混凝土常以預拌混凝土的方式由工廠載送，有時為了整平凹凸以黏貼磁磚等，會在現場保管水泥。水泥吸收到濕氣就會硬固，因此要保管在不通風的倉庫，疊放在墊高的地板上。為了避免疊放在下方的水泥因壓力而硬固，疊放的重量要在<u>10袋以下</u>。跟容積比10%一樣，記住是10袋。

不要有窗戶較佳

門要關上

堆10袋以下，蓋上塑膠布啊

大野田水泥

不能通風！因為會吸到濕氣

地板墊高

Q 混凝土中的骨材占有多少絕對容積比？

▼

A 約70%。

作為混凝土骨架的骨材，大約占70%容積。其中細骨材（砂）約30%，粗骨材（礫石）約40%。骨材藉由水泥漿體黏著在一起，成為混凝土。

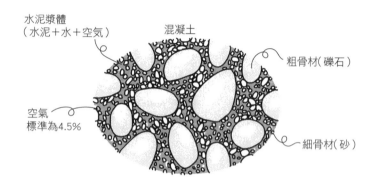

混凝土中的絕對容積比

空氣約5%	水泥約10%	水約15%	細骨材（砂）約30%	粗骨材（礫石）約40%

水泥漿體約30%　　　　　　骨材約70%

● 絕對容積：除去空隙後的真實容積。

Q 骨材量越多時，混凝土的乾燥收縮量會如何？

▼

A 會變小。

水灰比（水÷水泥的質量比）約65%之中，作為水化反應的水約為25%，剩下40%的水會殘留在混凝土中。若沒有這40%的水遍布在整個混凝土中，混凝土無法順利在模板中流動。因此，這是施工上必要的多餘水分。這些<u>多餘的水分在施工後數小時或數十年之後，會因為蒸發而乾燥收縮，進而產生裂縫</u>。礫石、砂等的骨材本體並不需要水分，與水泥漿體相比，收縮量微乎其微。因此，不會收縮的骨材越多，越能抑制乾燥收縮產生。反之，若是減少骨材，增加水泥漿體，表示水分增加，乾燥收縮量也會增加。

10

水泥・骨材

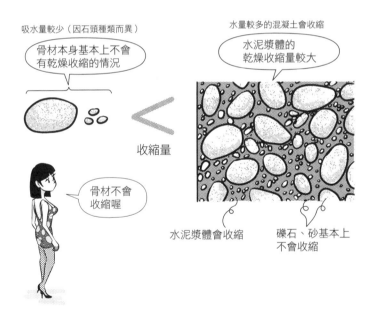

吸水量較少（因石頭種類而異）

骨材本身基本上不會有乾燥收縮的情況

水量較多的混凝土會收縮

水泥漿體的乾燥收縮量較大

收縮量

骨材不會收縮喔

水泥漿體會收縮

礫石、砂基本上不會收縮

Q 混凝土若使用約70%的骨材，會有什麼效果？

▼

A ①抑制水化熱、②抑制乾燥收縮、③節省成本等三點。

混凝土使用7成骨材的主要理由有下列三點：①抑制水化熱，②抑制乾燥收縮，③節省成本。水泥的水化反應會產生熱，水泥量越少，產生的熱就越少。相較於骨材，水泥的吸水量較多，除了水化需要的水之外，多數的水會殘留在水泥中，蒸發後就會造成收縮。因此，水泥越少，乾燥收縮的情況就會越少。此外，製作礫石或砂不需要太多工序，水泥則要從石灰石進行粉碎、煅燒、再次粉碎，而且為了避免水泥吸到濕氣，保管也需要花心思，成本自然較高。因此，抑制水泥量的同時還可以節省成本。

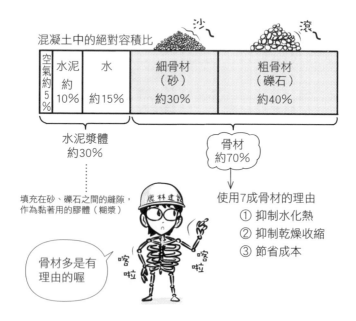

Q 水與水泥的比相同時，水泥漿體、水泥砂漿、混凝土的強度順序為何？

▼

A 水泥漿體＞水泥砂漿＞混凝土。

混凝土在壓縮破壞時，如下圖所示，由骨材的交界面開始破壞。一般來說，骨材本身強度比水泥漿體好，骨材破壞之前，會先從與之交界的水泥漿體接合面開始破壞。交界面大多是在粗骨材（礫石）的周圍，也就是混凝土最容易破壞、強度最小的部位。其次是水泥砂漿與細骨材（砂）之間的交界面。最強的是沒有其他材料，也沒有交界面的單純水泥漿體（水泥糊漿）。

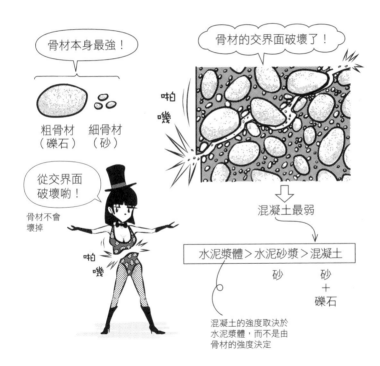

骨材本身最強！

粗骨材　細骨材
（礫石）　（砂）

從交界面破壞喲！

骨材不會壞掉

啪嘰

骨材的交界面破壞了！

啪嘰

混凝土最弱

水泥漿體＞水泥砂漿＞混凝土
　　　　　　砂　　　砂＋礫石

混凝土的強度取決於水泥漿體，而不是由骨材的強度決定

● 在混凝土上以鎚鑽機（加入捶打的鑽孔機）鑽孔時，水泥漿體部分可以很順利地鑽孔，但當刀刃碰到礫石就會很難前進。

Q 依下面的配比表，其細骨材率是多少？

混凝土配比表

單位水量	絕對容積（ℓ/m³）			質量（kg/m³）		
（kg/m³）	水泥	細骨材	粗骨材	水泥	細骨材	粗骨材
160	92	265	438	291	684	1161

以質量計量的細骨材、粗骨材為表面乾燥飽和狀態

A 265/(265+438)=0.377=38%。

表面乾燥飽和（表乾）狀態是指骨材表面乾燥，內部則是水分飽和的狀態。骨材吸收足夠的水分，混凝土就不易因水分不足而產生硬化不良的情況，所以<u>骨材需要使用表乾狀態，以表乾狀態測量。</u>

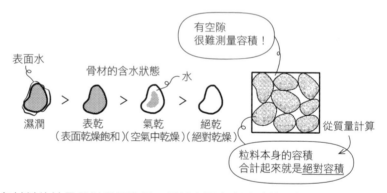

<u>各材料的計量是以質量進行</u>。骨材之間有空隙（縫隙），無法簡單測量容積（體積）。因此，先測量質量，再從密度（質量/容積）換算出容積。此時的容積已經除去粒料之間的空隙，將<u>粒料本身的容積合計起來，就是絕對容積</u>。骨材中細骨材所占的絕對容積比例，<u>則是細骨材率</u>。若是考量全骨材中細骨材（砂）、粗骨材（礫石）的比例，兩者的比重（重量）不同，改以混凝土中所占的絕對容積比例比較方便。

$$細骨材率 = \frac{細骨材的絕對容積}{骨材的絕對容積}$$

$$= \frac{265}{265+438} \times 100 \fallingdotseq 37.7\%$$

ℓ/m³

Q 普通混凝土是指使用普通波特蘭水泥的混凝土嗎？

▼

A 不是。不是水泥的種類，也不是輕質或常重骨材，而是指使用普通骨材的混凝土。

普通混凝土是指主要使用普通骨材的混凝土。使用人工輕質骨材的是輕質混凝土，使用常重骨材的則是常重混凝土。波特蘭水泥泛指水泥（參見R155），其中最廣泛使用的種類是普通波特蘭水泥。

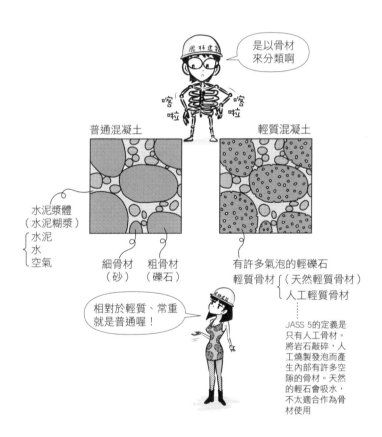

是以骨材來分類啊

嗒啦 嗒啦

普通混凝土

輕質混凝土

水泥漿體
（水泥糊漿）
{ 水泥
水
空氣

細骨材
（砂）

粗骨材
（礫石）

有許多氣泡的輕礫石
輕質骨材 { （天然輕質骨材）
人工輕質骨材
……

JASS 5的定義是只有人工骨材。將岩石敲碎，人工燒製發泡而產生內部有許多空隙的骨材。天然的輕石會吸水，不太適合作為骨材使用

相對於輕質、常重就是普通喔！

11

混凝土的性質

Q 新拌混凝土、預拌混凝土是什麼？
▼
A 新拌混凝土是指尚未凝固的混凝土，預拌混凝土則是事先在工廠混合的混凝土。

 新拌混凝土是指尚未凝固，剛混合在一起的新鮮（fresh）混凝土。
另一方面，預拌混凝土則是事先（ready）在工廠混合（mixed），
再運送至現場的混凝土。新拌混凝土包含預拌混凝土。

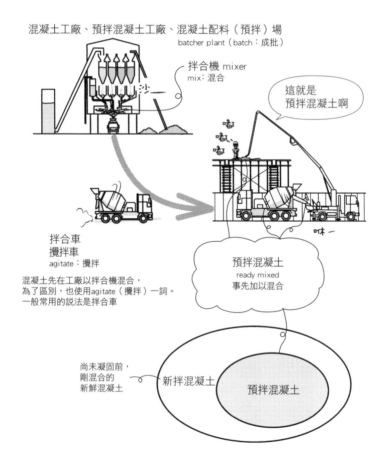

混凝土工廠、預拌混凝土工廠、混凝土配料（預拌）場
batcher plant（batch：成批）

拌合機 mixer
mix：混合

這就是
預拌混凝土啊

拌合車
攪拌車
agitate：攪拌

混凝土先在工廠以拌合機混合，
為了區別，也使用agitate（攪拌）一詞。
一般常用的說法是拌合車

預拌混凝土
ready mixed
事先加以混合

尚未凝固前，
剛混合的
新鮮混凝土

新拌混凝土

預拌混凝土

Q 室外氣溫高時，新拌混凝土凝結得較快還是較慢？

A 較快。

室外氣溫高時，新拌混凝土的溫度也會變高。混凝土溫度高，會促進水化反應，加快凝結的進程。溫度高就表示粒子的熱運動較活潑，粒子之間的碰撞較多，一般來說化學反應也會變得活潑。水泥粒子與水的水化反應也是化學反應，因此溫度高時比較容易反應，混凝土也會較快硬化。

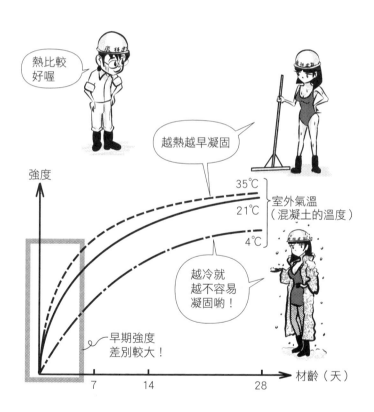

11

混凝土的性質

Q 寒季混凝土是什麼？

▼

A 在澆置後的養護期間，有結凍之虞的混凝土。

■ 若澆置後的養護期間是在有結凍之虞的時期施工，就稱為<u>寒季混凝土</u>。反之，在氣溫越高、有坍度降低或水分急速蒸發時期施工者，則為<u>暑季混凝土</u>。

在寒冷的天氣下
澆置的就是
寒季混凝土

在混凝土硬固之前守護孕育的意思

| 寒季混凝土 | …養護期間有凍結之虞 |

| 暑季混凝土 | …坍度降低或水分急速蒸發之虞 |

坍度錐（圓錐形桶）向上拉所測得的混凝土軟度

在盛夏進行澆置
的是暑季混凝土

● 以日均溫的平均值來說，寒季混凝土為<u>氣溫4℃以下</u>，暑季混凝土則是<u>氣溫超過25℃</u>(JASS 5)。

Q 最適合用來製作寒季混凝土、暑季混凝土的水泥是哪一種？

▼

A 寒季混凝土適合使用早強波特蘭水泥，暑季混凝土則適合使用低熱波特蘭水泥。

寒冷時，水泥的水化反應較慢，較難出現強度。此時使用強度較早出現的早強波特蘭水泥，效果較佳。炎熱時則是相反，水泥的水化反應速度過快，使用強度出現較和緩的低熱波特蘭水泥可以抑制強度出現的速度。此外，低熱波特蘭水泥可以抑制反應熱，斷面大且容易因水化熱產生裂縫的巨積混凝土，以及水泥量多且容易出現水化熱的高強度混凝土，都可以使用這種水泥。

早強波特蘭水泥 ──→ 寒季混凝土……寒冷時水化反應較慢

低熱波特蘭水泥 ──→ 暑季混凝土……炎熱時水化反應較快
　　　　　　　　　　 巨積混凝土……斷面大且容易產生水化熱
　　　　　　　　　　 高強度混凝土…水泥多且容易產生水化熱

11

混凝土的性質

混凝土的分類如下圖所示，依使用的骨材、施工條件、要求性能等進行分類。在這裡記下這些具代表性的名稱吧。

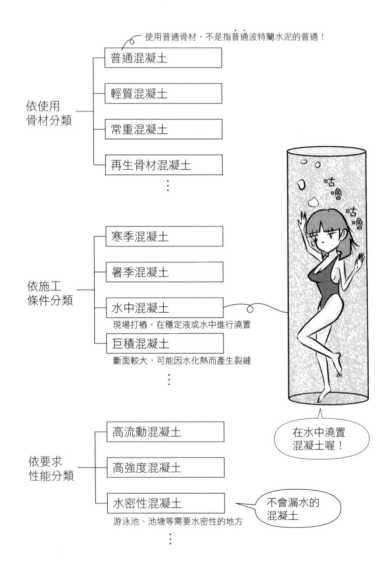

使用普通骨材，不是指普通波特蘭水泥的普通！

依使用
骨材分類

普通混凝土

輕質混凝土

常重混凝土

再生骨材混凝土

依施工
條件分類

寒季混凝土

暑季混凝土

水中混凝土
　現場打樁，在穩定液或水中進行澆置

巨積混凝土
　斷面較大，可能因水化熱而產生裂縫

在水中澆置
混凝土喔！

依要求
性能分類

高流動混凝土

高強度混凝土

水密性混凝土
　游泳池、池塘等需要水密性的地方

不會漏水的
混凝土

Q 混凝土的彈性模數E，在抗壓強度變大時會如何？

▼

A 彈性模數E也會較大。

■ 應力σ與應變ε計算式$\sigma=E\varepsilon$中的比例定數E，就是<u>彈性模數</u>。在鋼的彈性範圍（施作2倍力會伸長2倍、除去外力就恢復原狀的範圍）內，σ與ε為直線關係。另一方面，混凝土如下圖右所示，為曲線狀態，以接近原點附近的斜率為E。

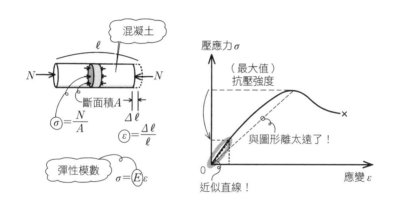

混凝土的彈性模數E可用下方的計算式（$F_c \leqq 36\text{N/mm}^2$以下時）求得，若<u>強度、重量變大，$E$就會變大</u>。$E$越大，在相同變形條件下，需要花費更多的力量，而在相同力下，變形就會越小。由此可知E越大，越難變形。

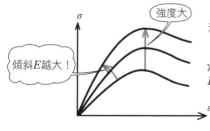

混凝土的E
$$= 3.35 \times 10^4 \times \left(\frac{\gamma}{24}\right)^2 \times \left(\frac{F_c}{60}\right)^{\frac{1}{3}} (\text{N/m}^3)$$

γ（gamma）：氣乾單位容積重量（kN/m^3）

F_c　　　：設計基準強度（N/mm^2）

• $\frac{1}{3}$次方就是開根號3的意思。　$27^{\frac{1}{3}}=\sqrt[3]{27}=3$

• 氣乾為「空氣中乾燥狀態」的簡稱，骨材表面與內部的一部分為乾燥狀態。

11

混凝土的性質

Q 鋼的彈性模數 E，在抗壓強度變大時會如何？

▼

A 與強度無關，為一定值，$2.05 \times 10^5 \text{N/mm}^2$。

 鋼材的最大強度，也就是 $\sigma-\varepsilon$ 圖的最高點不管如何變化，最初的直線斜率 E 都是相同的。下圖為強度（壓力和拉力相同）490N/mm^2 的 SN490，與強度 400N/mm^2 的 SN400，直線部分（彈性範圍）的斜率，亦即彈性模數 E，是相同的。

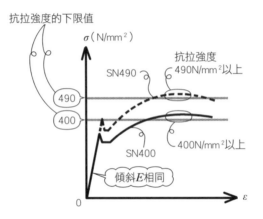

彈性模數 E，鋼約為 $2.05 \times 10^5 \text{N/mm}^2$，混凝土約為 $2.1 \times 10^4 \text{N/mm}^2$。鋼比混凝土硬10倍，不易變形。混凝土的 E 如前項所述，會隨著重量和強度變化。

- <u>SN</u>（Steel New structure）是<u>建築結構用壓延鋼材</u>，數字 400、490 是指<u>抗拉強度的下限值</u>。製品的強度會有誤差，但保證有該數字以上的強度。<u>SM</u>（Steel & Marine）是<u>銲接結構用壓延鋼材</u>，為了造船而開發，易於銲接的鋼。
- 彈性模數 E 的單位，由於 ε 是（伸縮的長度）/（原長），即（長度）/（長度），已經沒有單位，因此 E 和 σ 同樣是 N/mm²。

Q 混凝土與鋼的線膨脹係數，是1×10的幾次方/℃？

▼

A 1×10的負5次方/℃。

線膨脹係數是指每1℃的伸縮長度 ±⊿ℓ 與原長 ℓ 的比例⊿ℓ/ℓ。每
上升（下降）1℃，跟原長相比伸長（縮短）的比率。不是體積
比，而是長度比，因此稱為線膨脹。

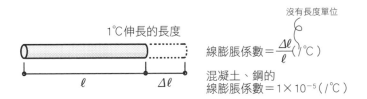

混凝土和鋼的線膨脹係數都是1×10⁻⁵/℃。混凝土和鋼因熱而伸長
的情況剛好是相同的，因此可以製作鋼筋混凝土。若是兩者不
同，因熱而伸展的長度就會不一樣，鋼與混凝土無法一體化。
鋁的線膨脹係數約為2.3×10⁻⁵/℃，約為鋼的2倍；玻璃則是幾乎與
混凝土、鋼相同，為1×10⁻⁵/℃。

• 10⁻⁵就是1/10⁵。

Q 在混凝土噴上酚酞液時，紅紫色代表什麼？無色又是什麼？

▼

A 紅紫色為鹼性，代表正常；無色為中性，表示鋼筋已有鏽蝕的危險。

水泥中的氧化鈣 CaO 與水反應（<u>水化反應</u>）形成氫氧化鈣 Ca(OH)$_2$，其中 OH 溶在水中就呈現鹼性。
Ca(OH)$_2$ 與二氧化碳 CO$_2$ 反應後，形成碳酸鈣 CaCO$_3$，產生<u>中性化</u>。<u>鐵在鹼性下不會生鏽，一旦中性化就會生鏽</u>。鋼筋的保護層厚度，對防止鏽蝕相當重要。檢查混凝土的中性化時，常使用<u>酚酞液</u>。<u>紅紫色表示為健全的鹼性，無色代表已經有中性化了</u>。

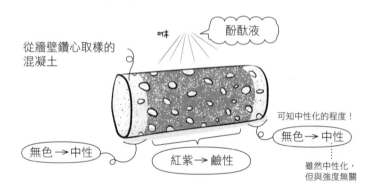

從牆壁鑽心取樣的混凝土

酚酞液

可知中性化的程度！

無色→中性

雖然中性化，
但與強度無關

無色→中性

紅紫→鹼性

- 許「多」的「酚」聚合成為多酚。幾乎所有植物都有多酚，是色素和苦味的成分。酚酞是酚與其他化合物加熱形成的白色粉末，再融化至酒精液（乙醇）裡就成為酚酞液。

Q 配比管理強度未滿 33N/mm² 的混凝土，坅度要在多少 cm 以下？容許誤差是多少？

▼

A 坅度 18cm 以下，容許誤差 ±2.5cm。

如下圖所示，將混凝土放入稱為坅度錐的圓錐形桶，測量混凝土向下塌陷的數值，該值就是 <u>坅度</u>。

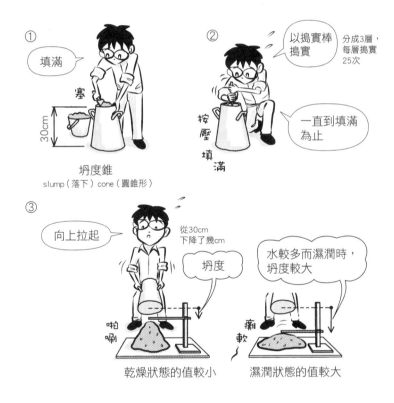

若為水多而濕潤的預拌混凝土，沉降較大，坅度值就大。

若沒有特別要求，坍度一般在18cm以下。可接受的容許誤差，在8cm以上、18cm以下為±2.5cm（JASS 5、JIS）。18±2.5＝15.5～20.5cm為合格。

坍流度（slump flow）如下圖所示，在坍度試驗進行後，測量橫向的寬度，最大寬度及其垂直寬度的平均值，就是坍流度。高流動混凝土無法用坍度正確地表示，需要測量坍流度。

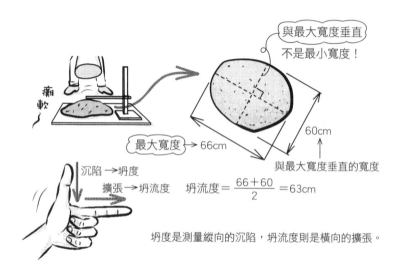

與最大寬度垂直
不是最小寬度！

癱軟

最大寬度 → 66cm

60cm

與最大寬度垂直的寬度

沉陷 → 坍度
擴張 → 坍流度

$$坍流度 = \frac{66+60}{2} = 63cm$$

坍度是測量縱向的沉陷，坍流度則是橫向的擴張。

● 坍度為18±2.5cm，使用AE劑時的空氣量為4.5±1.5%（參見R186）。

Q 配比管理強度 F_m 為 21N/mm² 的混凝土，可接受的坍度是多少？

▼

A 由於配比管理強度 F_m 未滿 33N/mm²，坍度為 18±2.5=15.5~20.5cm。

坍度以18cm以下為基準，收受時以±2.5cm為合格。然而，配比管理強度在33N/mm²以上時，獲得施工管理者認可的情況下，可以在21cm以下（JASS 5）。題目設定是未滿33N/mm²，因此在18cm以下。

配比管理強度 F_m 是指配比時的強度，以設計基準強度 F_c、耐久設計基準強度 F_d 等加入補正值所求得的強度（參見R236）。

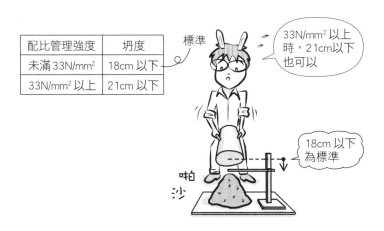

配比管理強度	坍度
未滿 33N/mm²	18cm 以下
33N/mm² 以上	21cm 以下

標準

33N/mm² 以上時，21cm以下也可以

18cm 以下為標準

啪沙

● 坍度容許誤差在8cm以上、18cm以下為±2.5cm，21cm以下則為±1.5cm。

Q 設計基準強度 F_c 在 45N/mm² 以上、60N/mm² 以下的高強度混凝土，坍流度是多少？

▼

A 坍流度為 60±10cm 以下。

 高強度混凝土是指設計基準強度 F_c 超過 36N/mm² 的混凝土（JASS 5）。

F_c 在 45N/mm² 以上、60N/mm² 以下時，坍度為 23cm 以下，坍流度為 60cm 以下。高強度混凝土的水灰比較小，水泥漿體的黏性較大，要使用高性能 AE 減水劑（參見 R191）。因加入高性能 AE 減水劑而變軟，流動性變高的混凝土，比較容易測量坍度和坍流度。

攤軟

坍流度在60cm以下

• 坍流度的容許誤差，在 60cm 以下為 ±10cm。

Q 空氣量變少時，坍度會如何？

▼

A 變小。

空氣量較多時，骨材與水泥漿體之間氣泡多，像滾輪一樣容易移動，黏性降低且變軟。因此，坍度會變大。反之，空氣量少時，就會變硬、難以流動，坍度變小。AE劑是在混凝土內部產生許多小氣泡，使之容易流動。但若空氣量過多，混凝土會變得空洞，使強度下降。因此，空氣量要保持在 4.5±1.5%。

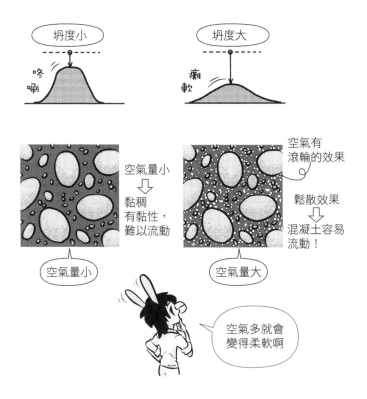

Q 混凝土的溫度若較高，隨著時間經過，坽度會如何變化？

▼

A 會較早凝固，坽度降低得越大。

氣溫較高，混凝土的濃度也變高，水泥的水化反應越早進行（參見 R168）。因此，混凝土的黏性越強，坽度降低。

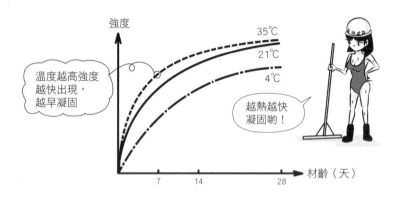

出現強度、黏性，逐漸凝固後，坽度就變小。因此，混凝土的溫度越高，坽度降低得越大。

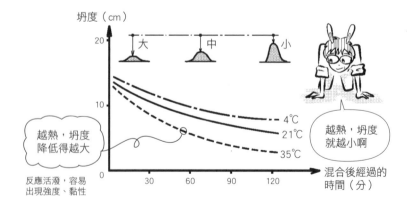

Q 黏稠度是什麼？用什麼來評價？

▼

A 對於變形、流動性的抵抗程度，以坍度來評價。

黏稠度（consistency）也稱為黏滯性、黏度，表示<u>對於變形、流動性的抵抗程度，以坍度來評價</u>。黏稠度大就表示坍度小，較硬，對於變形、流動的抵抗較大，不易產生材料分離或泌水。

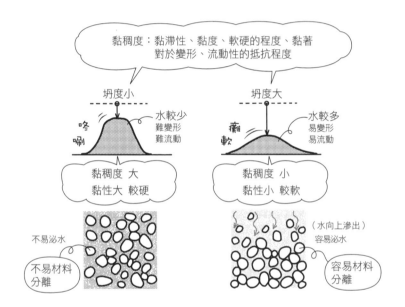

12

坍度與坍流度

• consistency 一般是指「一貫性、無矛盾」的意思。
• 過去對於黏稠度的定義是相反的，容易讓人誤解。混凝土會在不同的工地，經由許多人進行處理，因此筆者認為應該使用淺顯易懂的通用語言較佳。

Q 可塑性是什麼？

▼

A 易於塑形或變形的柔軟性，在不分離的情況下形塑成其他形狀的性
質。

 可塑性（plasticity）是指易於塑形或變形的柔軟性，在不產生材料
分離的情況下可隨意變成不同形狀的性質。容易填充在模板內，拆
掉模板也不會崩落，像麻糬一樣緩慢變形的性質。

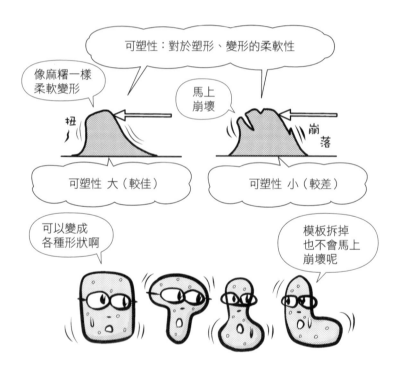

• plastic：可塑的，原指塑膠。合成樹脂塑膠可以自由變形成各種形狀。

Q 修飾性是什麼？

▼

A 裝飾工程的容易程度。

所謂修飾性（finishability），係指最後收尾（finish）能力（ability）、
裝飾工程的容易程度。與骨材大小、細骨材率（骨材中砂的比例）
及黏稠度等有關。

Q 施工性是什麼？

▼

A 從混合、搬運、澆置、夯實到修飾的整體工作度。

■ <u>施工性</u>（workability）就是施工的容易程度，或稱<u>工作性</u>。包括流動性、材料分離、黏稠度、可塑性、修飾性等諸多要素，且依建物或施工部位而異，無法定量表示。施工的容易程度是以施工性佳來表現。與黏稠度相比，含意更廣泛。

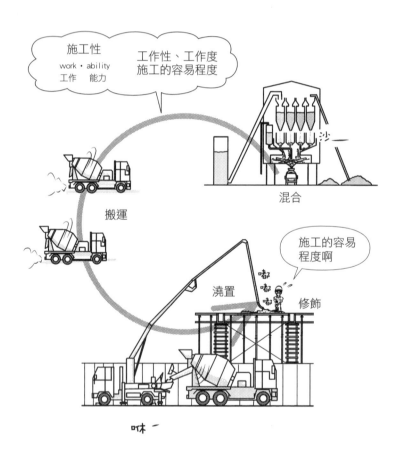

| consistency 黏稠度 | 黏滯性、黏度、軟硬的程度、黏著 對於變形、流動性的抵抗程度 |

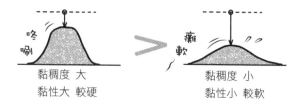

黏稠度　大 　　　　　　　　　　　黏稠度　小
黏性大　較硬 　　　　　　　　　　黏性小　較軟

| plasticity 可塑性 | 對於塑形、變形的柔軟性 像麻糬一樣柔軟變形，不會馬上崩壞 |

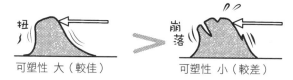

可塑性　大（較佳） 　　　　　　　可塑性　小（較差）

| finishability 修飾性 | 裝飾工程的容易程度 |

12

坍度與坍流度

修飾性　大（較佳） 　　　　　　　修飾性　小（較差）

| workability 施工性 | 工作性、施工的容易程度 |

施工性　大（較佳） 　　　　　　　施工性　小（較差）

Q 使用 AE 劑的混凝土，空氣量是多少？

▼

A 4.5±1.5%。

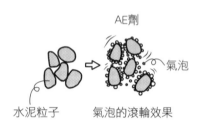

AE 劑的 AE 是 air entraining 的縮寫，原意是用空氣（air）乘載搬運（entrain）。水泥粒子周圍附著許多小氣泡，像滾輪的效果，讓混凝土容易流動。其他還有加入負離子，藉由抵抗力促進流動的減水劑，以及氣泡與負離子兩者皆有的 AE 減水劑。

AE劑

氣泡

水泥粒子　　氣泡的滾輪效果

使用 AE 劑、AE 減水劑、高性能 AE 減水劑的混凝土，空氣量為 4.5%，容許誤差則是 ±1.5%（JASS 5、JIS）。

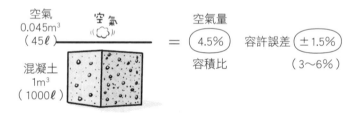

$$\frac{空氣\ 0.045m^3（45\ell）}{混凝土\ 1m^3（1000\ell）} = \underbrace{4.5\%}_{容積比}\quad 容許誤差\ \underbrace{\pm1.5\%}_{（3\sim6\%）}$$

• 坍度是 18±2.5cm，空氣量是 4.5±1.5%，記住這些數值吧。

Q 使用 AE 劑的寒季混凝土，空氣量是多少？

▼

A 為了防止凍傷，空氣量需要多一些，為 4.5~5.5%。

寒季混凝土是在養護期間
有結凍之虞的混凝土。混
凝土中的水分結凍會膨脹
（①），使混凝土產生裂
縫。空氣量多，空氣可以
吸收膨脹的壓力（②）。
此外，空氣本身也具有隔
熱效果。

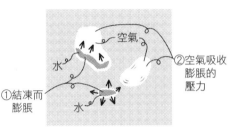

如下圖所示，寒季混凝土
的空氣量在標準4.5%的右
側，4.5~5.5% 之間（JASS
5）。

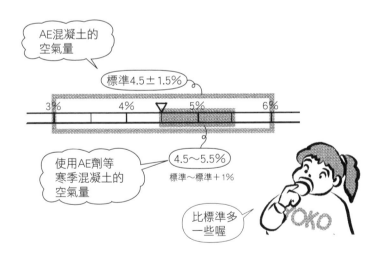

Q 為什麼防止凍傷造成的裂縫、剝落、爆出等，需要使用 AE 劑？

▼

A 空氣有彈力會讓因結凍產生的膨脹壓力減弱，且氣泡有隔熱的效果。

混凝土中的水結凍後會膨脹，如下圖所示，引起像是皮膚<u>剝落</u>或青春痘<u>爆出</u>的情況。AE 劑會在混凝土中產生細微的氣泡，讓空氣有彈力，減弱膨脹的力量，而且有隔熱效果，可防止凍傷。另外有一個與「剝落」（scaling）一詞類似的名詞，稱為<u>屏蔽</u>（screening），指礫石聚集成為屏障，使混凝土無法順利流動。

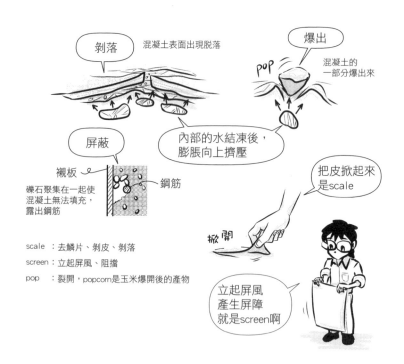

剝落　混凝土表面出現脫落

爆出　pop　混凝土的一部分爆出來

內部的水結凍後，膨脹向上擠壓

屏蔽　襯板　鋼筋
礫石聚集在一起使混凝土無法填充，露出鋼筋

把皮掀起來是scale
掀開

scale ：去鱗片、剝皮、剝落
screen：立起屏風、阻擋
pop　：裂開，popcorn是玉米爆開後的產物

立起屏風產生屏障就是screen啊

Q 拌入空氣與裹入空氣有什麼不同？

▼

A 拌入空氣（entrapped air）是在過程中自然捲入的空氣，裹入空氣（entrained air）則是使用 AE 劑等有計畫加入細微的氣泡。

拌入空氣的 trap，是在混合、澆置時自然捲入的空氣。氣泡較大且不定型，無法改善耐凍傷性和施工性。

骨材

是自然捲入的空氣喲！

拌入空氣

entrap：製作陷阱、誘捕

水泥粒子

裹入空氣是利用 train（列車）承載，以 AE 劑等有計畫地搭載空氣進入。非常細微的氣泡會均勻散布在混凝土中，可以有效提升耐凍傷性和施工性。

AE劑

細微的氣泡

entrain：使之流入、混合

水泥粒子　　氣泡有滾輪效果　　裹入空氣

13

空氣量與氯化物

Q 空氣量增加1%時，抗壓強度會如何？
▼
A 會減少約5%。

若混凝土的<u>空氣量增加1%，抗壓強度會減少4~6%</u>。空氣多時成為<u>多孔質</u>（porous），容易破壞。水多時也會形成多孔質。AE劑等裹入空氣，或是混合時的拌入空氣，兩者相加要控制在 4.5 ± 1.5%。

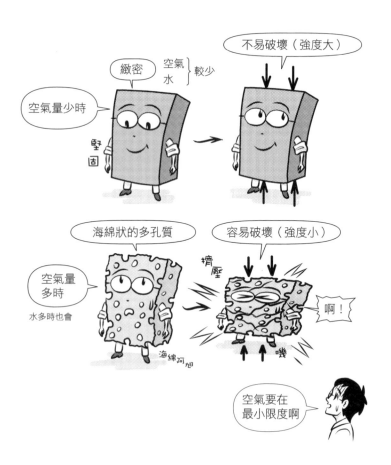

Q 與高強度混凝土混合的混合劑是什麼？
▼
A 高性能AE減水劑。

🟦 <u>高強度混凝土</u>是指抗壓強度超過36N/mm²的混凝土（參見R178）。
若要增加強度，水的比例（水灰比）要小於水泥，也就是水要比較
少；為了讓混凝土流動更順利，亦可加入高性能AE減水劑。可減
少的水量從多到少依序為高性能AE減水劑>AE減水劑>AE劑>減
<u>水劑</u>。

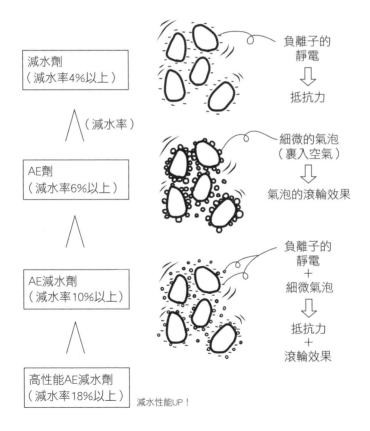

減水劑
（減水率4%以上）

負離子的
靜電
⇩
抵抗力

（減水率）

AE劑
（減水率6%以上）

細微的氣泡
（裹入空氣）
⇩
氣泡的滾輪效果

AE減水劑
（減水率10%以上）

負離子的
靜電
＋
細微氣泡
⇩
抵抗力
＋
滾輪效果

高性能AE減水劑
（減水率18%以上）

減水性能UP！

Q 混凝土所含的氯離子量要在多少kg/m³以下？

▼

A 0.3kg/m³以下。

 鹽（氯化鈉，NaCl）溶在水裡形成氯化物（或稱：氯離子）Cl⁻。
鹽分多時，鋼筋容易鏽蝕，因此混凝土中的<u>氯離子量要在0.3kg/m³
以下</u>（JASS 5）。每1m³不超過300g。若有進行<u>防鏽措施</u>，可容許至
0.6kg/m³。

$NaCl \longrightarrow Na^+ + Cl^-$

氯化鈉　　　　　　　　　測量氯離子的質量
（鹽）

每1m³中的Cl⁻
不能超過0.3kg喔！

工地現場有簡易測量機可以使用

● 正確來說，體重不是質量（kg），而是重量（N或kgf）。氯離子量是測量質量。

Q 使用海砂的混凝土，在沒有中性化的情況下，鋼筋也會鏽蝕的原因是什麼？

▼

A 因為氯離子會破壞氧化鐵的保護膜。

混凝土為鹼性（參見R175），有保護鐵使之不會鏽蝕的效果。空氣中的二氧化碳CO_2與鹼性中和，產生中性化，會讓防鏽的效果消失。使用海砂，或是建物鄰近海邊承受海風，鐵很容易生鏽。海水所包含的鹽（氯化鈉，NaCl）的氯離子Cl^-會破壞氧化鐵的保護膜（稱為鈍化膜），使鐵產生鏽蝕（腐蝕）。混凝土中的鹽分也會腐蝕鋼筋，因此氯離子（Cl^-）量要在$0.3kg/m^3$以下（參見R192）。鹽分造成的損害，稱為鹽害。

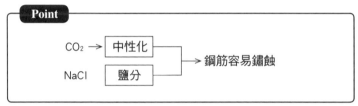

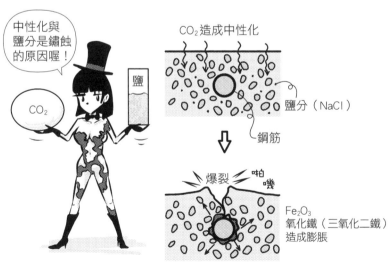

中性化與鹽分是鏽蝕的原因喔！

CO_2　鹽

CO_2造成中性化

鹽分（NaCl）

鋼筋

爆裂　啪嘰

Fe_2O_3
氧化鐵（三氧化二鐵）
造成膨脹

13

空氣量與氧化物

● 寒冷地區在道路上使用的防凍劑含有氯化鈉，也是造成混凝土鹽害的原因之一。

Q 混凝土的溫度測定，可以使用坍度試驗的試料嗎？

▼

A 不行。要用規定的容器從手推車拿取，使用其他試料。

混凝土的溫度測定是從像獨輪車的大容器拿取，裝滿作為基準的容器，將溫度計插入至規定深度進行量測。坍度試驗後的試料是搗實棒搗實後的溫度，不能作為溫度測定之用（JIS）。

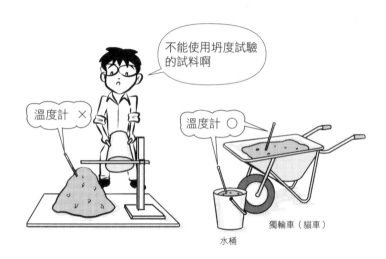

具代表性的檢查項目為 5+1 種，如下圖所示，使用手勢記下來吧。
左手表示①坍度、②坍流度、③空氣量、④氯離子量、⑤溫度。右
手的拳頭表示⑥強度。

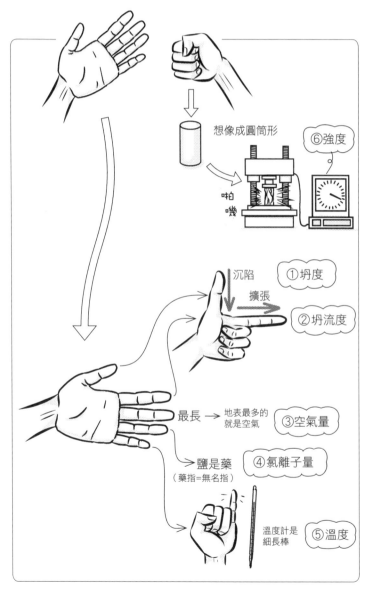

具代表性的檢查項目共有6種，接下來將相關數字一併順暢地記下來喔。

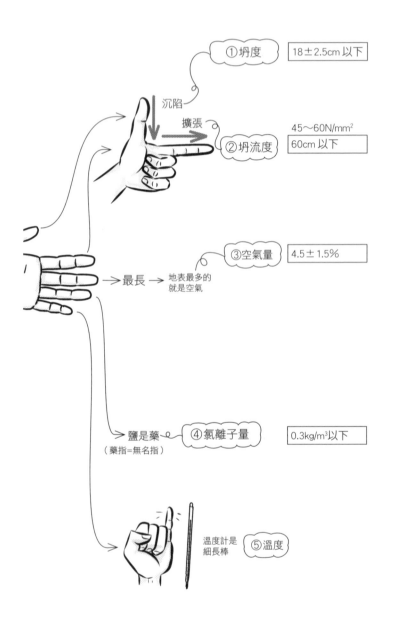

①坍度　18±2.5cm 以下

沉陷

擴張　45～60N/mm²

②坍流度　60cm 以下

③空氣量　4.5±1.5%

最長 → 地表最多的就是空氣

鹽是藥　④氯離子量　0.3kg/m³以下
（藥指=無名指）

溫度計是細長棒　⑤溫度

Q 收受混凝土進行檢查時，可以容許再一次取用新試料進行再試驗的
　　項目是什麼？

　　　　▼

A ①坍度、②坍流度、③空氣量，可以再進行一次試驗。

坍度或坍流度，以及空氣量，其中一方或兩方都超過容許範圍時，
可以取用新試料，<u>再進行一次試驗</u>，若符合範圍就是合格（JIS）。將
①坍度、②坍流度、③空氣量當作一組，某項不行的話就再試驗。
再試驗的次數僅限一次。

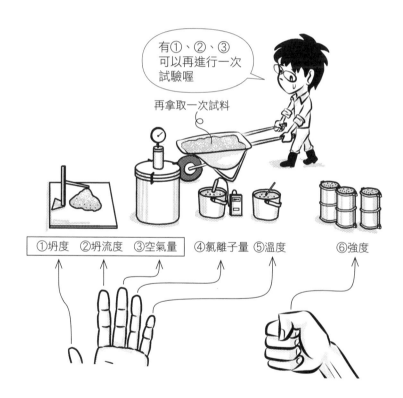

13

空氣量與氯化物

Q 水灰比大時，混凝土的抗壓強度會如何？

▼

A 會變小。

🧊 水灰比顧名思義就是<u>水÷水泥</u>，水的質量÷水泥質量的比例。水灰比大時，混凝土會是海綿狀的<u>多孔質</u>，容易被破壞。因此，混凝土強度會變小。

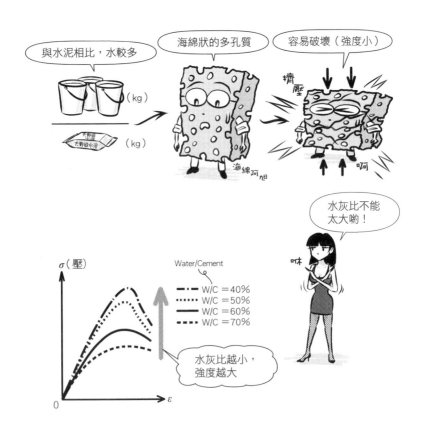

與水泥相比，水較多

海綿狀的多孔質

容易破壞（強度小）

水灰比不能太大喲！

σ（壓）

Water/Cement

W/C ＝40%
W/C ＝50%
W/C ＝60%
W/C ＝70%

水灰比越小，強度越大

Q 以混凝土的抗壓強度為縱軸、水灰比為橫軸時，圖表是什麼形狀？

▼

A 往右下的曲線。

🟦 水灰比越大，強度就越弱，因此圖表會往右下方。若以灰水比為橫
　軸，圖表就變成往右上的直線。依據水泥和骨材，會決定斜率以及
　與縱軸的交點，可利用實驗求得。水泥就算硬化，也是骨材會比較
　硬，利用混凝土的強度計算式可得到灰水比，倒數後就可知水灰比。

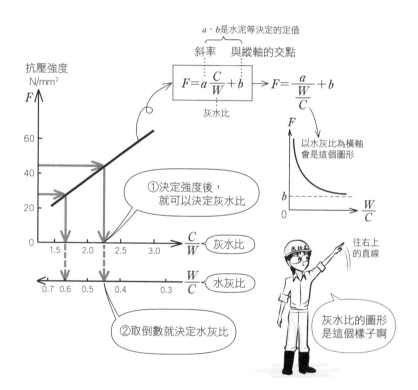

$\mathbf{Q}$ 如下的配比表，如何表示水灰比？

絕對容積（ℓ/m^3）				質量（kg/m^3）			
水	水泥	細骨材	粗骨材	水	水泥	細骨材	粗骨材
V_w	V_c	V_s	V_g	W	C	S	G

▼

$\mathbf{A}$ 水灰比為質量比，因此是 $W/C \times 100\%$。

🧊 水灰比為質量比，因此本題的答案是 $W/C \times 100(\%)$。舉例來說，
單位水量為 $165kg/m^3$、單位水泥量為 $300kg/m^3$，水灰比是水÷水
泥，$165 \div 300 = 0.55$。再乘上 100 倍變成百分比，就是 55%。

單位水量　　165kg/m³ ⎫
單位水泥量　300kg/m³ ⎬ → 水灰比 $\dfrac{165}{300} \times 100 = 55(\%)$

都是kg，
直接相除
計算啊

以每1m³混凝土
中所含的kg數
計算
每1m³中的kg數
稱為單位水量、
單位水泥量等，
前面加上單位

空氣量、細骨材率為容積比。細骨材率是細骨材（砂）在全部骨材
中所占的比率，為細骨材的絕對容積/全部骨材的容積× 100(%)。
絕對容積是除去空隙後的真實容積。骨材在混凝土中的空隙會被水
泥漿體填滿，以絕對容積來考量較便利。

水灰比 ──────→ 質量比

空氣量、細骨材率 ──→ 容積比

表中 V_w、V_c、V_s、V_g 的下標字，分別代表w：water（水）、c：cement
（水泥）、s：sand（砂）、g：gravel（礫石）。V是volume（容積）。

Q 水灰比55%、單位水量165kg/m³時，單位水泥量是多少？

▼

A 165/C=0.55，因此C=165/0.55=300kg/m³（C：單位水泥量）。

水灰比是使用質量，水÷水泥所得的比。假設單位水泥量為Ckg/m³：

分母、分子的單位相消

55%以比值來表示

$$水灰比 = \frac{水的質量}{水泥的質量} = \frac{165(kg/m^3)}{C(kg/m^3)} = 0.55$$

$$165 = 0.55x$$

$$\therefore C = \frac{165}{0.55} = \underline{300kg/m^3}$$

混凝土的配比要從強度、耐久性、施工性等多方考量，再決定水、水泥、細骨材（砂）、粗骨材（礫石）、空氣的分量。下圖是以大容積來看的圖，但水、水泥都是以質量（kg）來處理。

混凝土的配比
（調配）

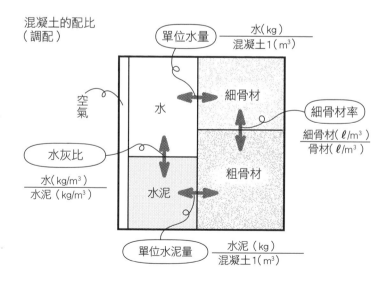

14

水灰比

• 在日文中，決定混凝土比率於建築領域稱為「調合」，於土木領域稱為「配合」。

Q 混凝土的中性化速度，在抗壓強度高時會如何變化？

▼

A 抗壓強度高表示組織較緻密，因此中性化速度會較慢。

💠 水泥的<u>水合結晶</u>組織越緻密，混凝土的抗壓強度就會越高。組織較鬆散的混凝土，強度較低，馬上就會被破壞。此外，二氧化碳 CO_2 容易進入，中性化速度也較快。反之，抗壓強度越高，組織越緻密，二氧化碳越不容易進入，中性化速度就越慢。

<u>中性、鹼性與強度沒有關係，但與鐵的生鏽關係密切</u>。pH10以上時，鐵的表面有<u>鈍化膜</u>作為保護膜，不會生鏽。中性化會讓保護膜被破壞，鐵就容易生鏽。

水比水泥多時，混凝土形成多孔質，容易被破壞。而且二氧化碳和鹽分容易進入，產生中性化使鋼筋容易鏽蝕。中性化不會影響強度，但會因為鋼筋生鏽膨脹，進而破壞混凝土。

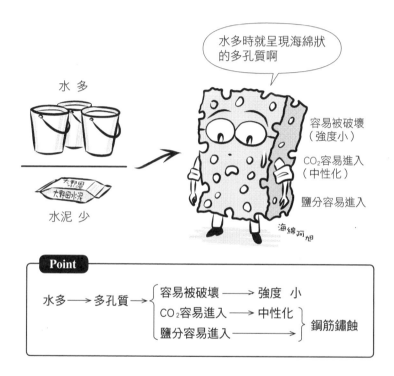

水多時就呈現海綿狀的多孔質啊

水 多

水泥 少

容易被破壞（強度小）

CO_2容易進入（中性化）

鹽分容易進入

海綿阿旭

Point

水多 ⟶ 多孔質 ⟶ { 容易被破壞 ⟶ 強度 小

CO_2容易進入 ⟶ 中性化

鹽分容易進入 ⟶ } 鋼筋鏽蝕

14

水灰比

● 構成水泥的主要化合物有下列四種：
矽酸三鈣（$3CaO \cdot SiO_2$，簡稱C_3S）
矽酸二鈣（$2CaO \cdot SiO_2$，簡稱C_2S）
鋁酸三鈣（$3CaO \cdot Al_2O_3$，簡稱C_3A）
鐵鋁酸四鈣（$4CaO \cdot Al_2O_3 \cdot Fe_2O_3$，簡稱$C_4AF$）
矽酸三鈣、矽酸二鈣約占全體的8成。各自會與水反應（水化反應），硬化生成水合結晶。主要的化學反應為$CaO+H_2O \rightarrow Ca(OH)_2$。中性化的反應是$Ca(OH)_2+CO_2 \rightarrow CaCO_3+H_2O$。石灰石煅燒時是往空氣放出$CO_2$，形成以$CaO$為主的水泥，隨著時間演進，又從空氣中取回$CO_2$，再變回$CaCO_3$。

水泥的化學式變化，可從其主要成分生石灰 CaO 來看。實際上，水泥是 $3CaO \cdot SiO_2$（矽酸三鈣）等的複雜組合。

石灰石煅燒、粉碎，生成CaO，在空氣中放出CO_2。

①水泥的製造

$$
\underset{\substack{\text{石灰石}\\\text{碳酸鈣}}}{CaCO_3} \xrightarrow{\substack{\text{煅燒}\\\text{粉碎}}} \underset{\substack{\text{生石灰}\\\text{氧化鈣}}}{CaO} + \underset{\substack{\text{二氧化碳}}}{\overset{\text{排入空氣中}}{\uparrow} CO_2}
$$

空氣中排出 CO_2

水泥製造工廠

CaO產生水化反應形成$Ca(OH)_2$，有很強的鹼性。

②水泥的水化反應

$$
\underset{\substack{\text{生石灰}\\\text{氧化鈣}}}{CaO} + \underset{\text{水}}{H_2O} \longrightarrow \underset{\substack{\text{熟石灰}\\\text{氫氧化鈣}}}{Ca(OH)_2}
$$

生石灰的白色在溶入水中時會消失

水化反應

水泥粒子

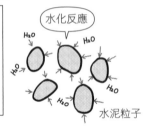

$Ca(OH)_2$從空氣中取回CO_2，產生中性化。

③水泥水合結晶的中性化

$$
\underset{\substack{\text{氫氧化鈣}}}{\overset{\text{從空氣中取得}}{Ca(OH)_2}} + \underset{\substack{\text{二氧化碳}}}{CO_2} \longrightarrow \underset{\substack{\text{碳酸鈣}}}{CaCO_3} + \underset{\text{水}}{H_2O}
$$

從空氣中取回CO_2

酚酞液　無色　紅紫　無色

中性化

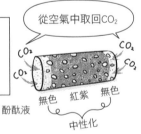

Q 水灰比較小時，氯離子的滲透會如何？

▼

A 水灰比較小時，會形成緻密且抗壓強度高的混凝土，氯離子也比較不容易滲透。

水灰比是水÷水泥，與水泥的質量相比，水的質量占有多少的比例。硬固範圍內，水越少越好。水少時，水泥的水合結晶較緻密。越緻密，受壓縮就越不容易被破壞，也就是抗壓強度比較大。此外，二氧化碳或鹽（$NaCl \rightarrow Na^+ + Cl^-$ 的 Cl^- 是氯離子）也不容易滲入混凝土中。二氧化碳難以滲入，就不易產生中性化；鹽不易滲入，鋼筋就不容易鏽蝕。

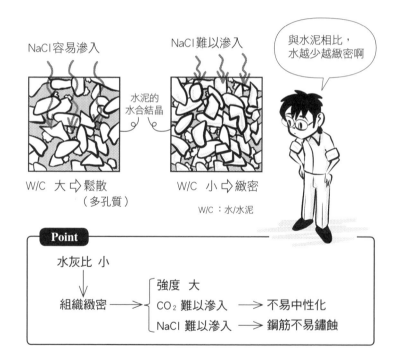

NaCl容易滲入　　　NaCl難以滲入

與水泥相比，水越少越緻密啊

水泥的水合結晶

W/C　大 ⇨ 鬆散　　　W/C　小 ⇨ 緻密
（多孔質）

W/C：水/水泥

Point

水灰比 小
↓
組織緻密 ⟶
- 強度 大
- CO_2 難以滲入 ⟶ 不易中性化
- NaCl 難以滲入 ⟶ 鋼筋不易鏽蝕

14

水灰比

● 海綿般的多孔質稱為 porous。混凝土的水灰比大時，就會形成多孔質。

Q 水灰比較大時，泌水與骨材分離會如何？

▼

A 水灰比較大時，水泥漿體的黏性較低，常發生泌水，造成骨材分離的現象。

泌水（bleeding）是指礫石因重量下沉，水分上升的骨材分離現象。水灰比大時，水泥漿體的黏性較低，容易發生泌水。反之，水灰比較小時，具有黏性的水泥漿體可以抑制泌水現象。

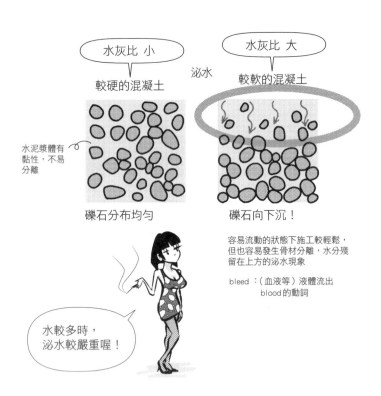

水灰比 小

較硬的混凝土

泌水

水灰比 大

較軟的混凝土

水泥漿體有黏性，不易分離

礫石分布均勻

礫石向下沉！

容易流動的狀態下施工較輕鬆，但也容易發生骨材分離，水分殘留在上方的泌水現象

bleed：（血液等）液體流出
blood 的動詞

水較多時，泌水較嚴重喔！

Q 普通波特蘭水泥的水灰比要在多少％以下？（計畫使用期限為標準）

▼

A 水灰比要在65%以下。

普通波特蘭水泥在「短期」、「標準」、「長期」的情況下，<u>水灰比為 65%以下</u>；「超長期」則是55%以下（JASS 5）。水灰比若降低，混凝 土的組織會較緻密，強度也變大，耐久性提升。水灰比在65%以 下，是指100kg的水泥，水量要在65kg以下。

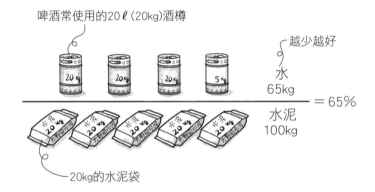

啤酒常使用的20ℓ(20kg)酒樽

越少越好

水 65kg

＝65%

水泥 100kg

20kg的水泥袋

14

水灰比

Q 使用高爐水泥B種或飛灰水泥B種的混凝土，水灰比要在多少％以下？（計畫使用期限為短期、標準、長期）

▼

A 混合水泥B種的水灰比要在60%以下。

混合了高爐爐渣或飛灰的混凝土，水泥量會減少，可抑制水化熱，提高化學抵抗性，但初期強度會較小。這類混合水泥在「短期」、「標準」、「長期」的情況下，水灰比為A種在65%以下，B種在60%以下（JASS 5）。由於混合量依序為A種<B種<C種，因此水泥量依序減少，水分也漸減。

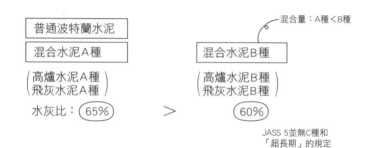

Q 水密性混凝土的水灰比要在多少％以下？（普通波特蘭水泥）

▼

A 為了有緻密的組織，水灰比要在50%以下。

水密性混凝土是使用在泳池或水槽等，不能讓水滲漏的混凝土。由於需要有緻密的組織，水灰比要在50%以下（JASS 5）。水中混凝土是在現場澆置混凝土樁，往水中澆置的混凝土，場鑄混凝土樁的水灰比要在60%以下。

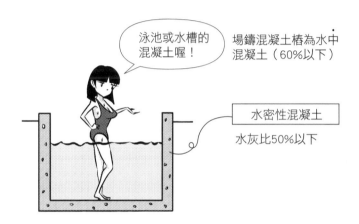

泳池或水槽的混凝土喔！

場鑄混凝土樁為水中混凝土（60%以下）

水密性混凝土

水灰比50%以下

14

水灰比

Q 水密性混凝土的單位粗骨材量是多少？

▼

A 由於水泥漿體的部分較少，單位粗骨材量要盡可能多一些。

多孔質時水分會滲入，水密性混凝土的水灰比、單位水量都會比較少。水泥漿體會因乾燥收縮而產生裂縫，造成水滲入。此時水泥漿體的礫石（粗骨材）多一些，能夠填補骨材的空隙。因此，<u>單位粗骨材量要多一些</u>（JASS 5）。

水灰比大 單位水量大

多孔質時
水分會滲入啊

水泥漿體多時，收縮也較多，在填滿空隙所需數量的範圍內，盡量減少水泥砂漿。減少的部分就增加礫石

盡量用礫石
作為骨架啊

哎
哎

水泥多較容易有裂縫。
礫石不會有收縮

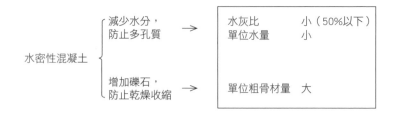

水密性混凝土 — 減少水分，防止多孔質 → 水灰比　小（50%以下）／單位水量　小

增加礫石，防止乾燥收縮 → 單位粗骨材量　大

本節彙整水灰比的重點。

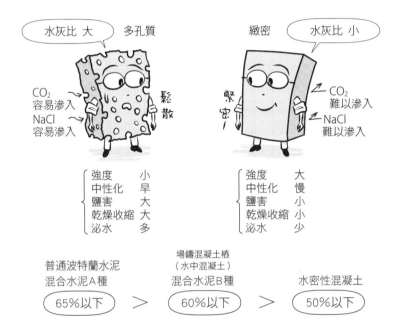

Q 混凝土的單位水量是多少？

▼

A 185kg/m³以下。

 單位水量是指以每1m³混凝土為單位體積，需要加入多少kg的水量。185kg/m³以下是在預期品質範圍內，所能加入的最小水量（JASS 5）。在混凝土的凝固範圍內，水越少越好。

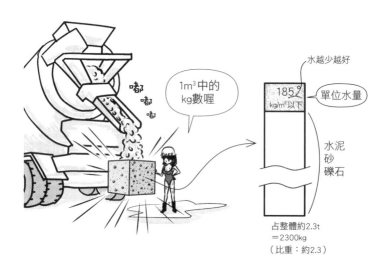

水越少越好

1m³中的
kg數喔

185.2
kg/m³以下

單位水量

水泥
砂
礫石

占整體約2.3t
＝2300kg
（比重：約2.3）

Q 若指定單位水量為180kg/m³，收受時要如何確認？

▼

A 運輸車上要有工廠的製造管理紀錄，確認單位水量為180kg/m³。

運輸車在預拌混凝土收受檢查時，要確認是否為所要的材料。單位水量部分是以書面資料確認是否為指定配比，或是否在185kg/m³以下（參見R210）。以書面資料確認是因為水化反應在運行中會持續進行，很難在收受時檢查混凝土的水量。

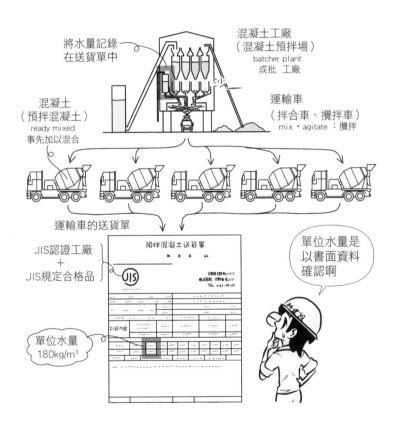

將水量記錄在送貨單中

混凝土工廠
（混凝土預拌場）
batcher plant
成批 工廠

混凝土
（預拌混凝土）
ready mixed
事先加以混合

運輸車
（拌合車、攪拌車）
mix・agitate：攪拌

運輸車的送貨單

JIS認證工廠
＋
JIS規定合格品

預拌混凝土送貨單

單位水量
180kg/m³

單位水量是以書面資料確認啊

15
單位水量

• 日本建築界慣例是讓建設公司透過混凝土公司委託混凝土合作社，由混凝土合作社指定混凝土工廠進行出場。建設公司很難直接向混凝土工廠下訂。

Q 高強度混凝土的單位水量是多少？（計畫使用期限為標準）

▼

A 單位水量為175kg/m³以下，若使用高性能AE減水劑仍然難以流動
則為185kg/m³以下。

■ 計畫使用期限級別為「標準」時，表示要使用約65年。依據計畫
使用期限的不同，決定強度、水量等數值。

結構體的計畫使用期限

計畫使用期限	計畫使用期限的級別
大約30年	短期使用級
大約65年	標準使用級
大約100年	長期使用級
大約200年	超長期使用級

> 65歲是標準

> 100歲是長壽！

高強度混凝土是指設計基準強度F_c超過36N/mm²的混凝土。

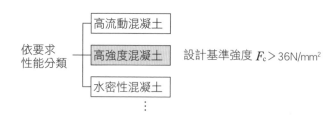

依要求
性能分類 —— 高流動混凝土
—— 高強度混凝土　　設計基準強度 $F_c > 36$N/mm²
—— 水密性混凝土
⋮

混凝土水分較多時，會形成海綿狀多孔質，強度也會降低；水分少的組織較緻密，強度也較佳。

混凝土的<u>單位水量是 185kg/m³ 以下</u>，<u>高強度混凝土則是 175kg/m³ 以下</u>。水越少則強度越佳，但越難流動，施工性較差。此時可加入高性能 AE 減水劑，這種添加劑讓混凝土在水分減少的狀態下順利流動，水分就可以<u>調整至 175kg/m³ 以下</u>。若加入高性能 AE 減水劑仍然難以流動，也可<u>維持在 185kg/m³ 以下</u>（JASS 5 解説）。

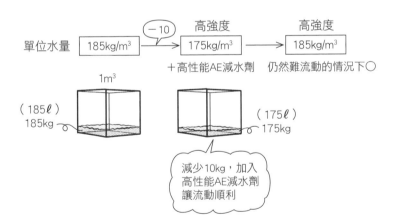

<u>超長期使用級</u>的高強度混凝土不可以在 185kg/m³ 以下，要在 <u>175kg/m³ 以下</u>。

15

單位水量

Q 為了防止產生裂縫，單位水量要多少？

▼

A 單位水量要盡可能減少。

混凝土中有許多毛細孔或超細微的空隙、層狀間隙，都可能讓水滲入。水泥的水化反應會消耗水，但還有許多水殘留在混凝土中。水出來的時候在毛細孔會出現表面張力，或是水合結晶收縮等，乾燥收縮的力量會造成裂縫。①表面附近較早乾燥，收縮形成拉力作用。②中央附近較晚乾燥，不會收縮，限制了變形的進行。③表面有拉力，中央被限制，因此在表面會發生乾燥收縮裂縫（乾縮裂縫）。由於是水乾燥造成的裂縫，只要控制水量就能防止。限制水灰比、單位水量，不僅可以製作緻密且強度佳的混凝土，也能有效防止產生乾燥收縮裂縫。

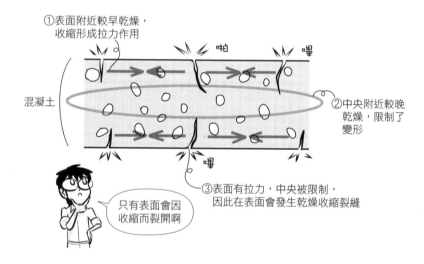

①表面附近較早乾燥，收縮形成拉力作用

混凝土

②中央附近較晚乾燥，限制了變形

③表面有拉力，中央被限制，因此在表面會發生乾燥收縮裂縫

只有表面會因收縮而裂開啊

Q 坍度較小時，乾燥收縮裂縫會如何？
▼
A 水分較少，較少產生乾燥收縮裂縫。

單位水量越大，混凝土越軟，坍度就越大。依據目標坍度來決定單位水量。單位水量與坍度的關係，大致可用右圖的直線來表示。

如右下圖所示，單位水量越大，乾燥收縮變形就越大。要防止乾燥收縮變形，單位水量和坍度要小。水灰比小，強度就會變大，抵抗拉力的強度越好，因拉力產生的裂縫也會變少。

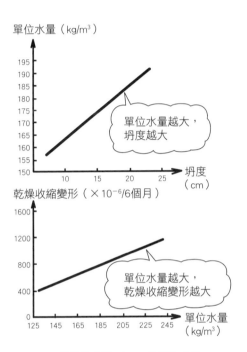

單位水量（kg/m³）

單位水量越大，坍度越大

坍度（cm）

乾燥收縮變形（×10⁻⁶/6個月）

單位水量越大，乾燥收縮變形越大

單位水量（kg/m³）

坍度小 ⇨ 水分少而緻密
（單位水量　小）
（水灰比　　小）
⇨ { 乾燥收縮　小 → 收縮造成的裂縫少
強度　　　大 → 拉力造成的裂縫少 }

坍度大 ⇨ 水分多而多孔質
（單位水量　大）
（水灰比　　大）
⇨ { 乾燥收縮　大 → 收縮造成的裂縫多
強度　　　小 → 拉力造成的裂縫多 }

Q 構材的體積表面積比（體積/表面積）大時，乾燥收縮的應變會如何？

▼

A 與體積相比，表面積越小，越難乾燥，乾燥收縮應變就越小。

應變是變形/原長，常使用的記號為 ε（epsilon）。1mm的變形，原長為10cm時，應變為0.01，原長為1m則是0.001，兩者的意思完全不同。一般來說，應變、變形普遍以原長作為基準。若考量構材內部傳遞的力量內力，則是除以斷面積的應力（σ：sigma），兩者的思考方式類似。

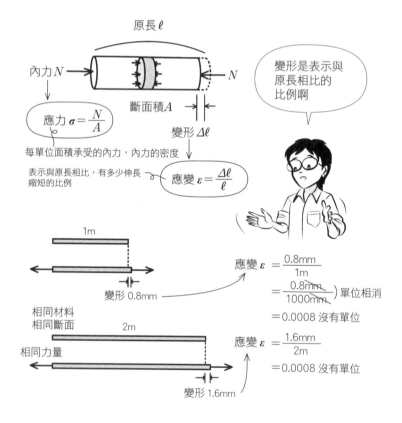

如字面所示，<u>體積表面積比</u>是以體積÷表面積、體積／表面積，與表面積相比，有多少比例的體積之意。類似的詞還有<u>水灰比</u>、<u>寬厚比</u>等，一起記下來吧。

Point

體積表面積比 ⟶ 依字面 體積÷表面積 $\dfrac{體積}{表面積}$ $\dfrac{m^3}{m^2}$

水灰比 ⟶ 依字面 水÷水泥 $\dfrac{水}{水泥}$ $\dfrac{kg}{kg}$

寬厚比 ⟶ 依字面 寬÷厚 $\dfrac{寬}{厚}$ $\dfrac{m}{m}$

體積表面積比越大，在相同表面積下表示體積越大，相同體積下表示表面積越小。表面積越小，混凝土細微空隙中的水分越難蒸發，乾燥收縮越少，應變就越小。

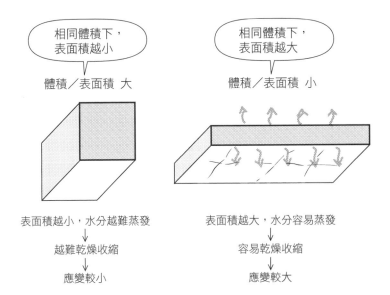

相同體積下，
表面積越小

體積／表面積 大

表面積越小，水分越難蒸發
↓
越難乾燥收縮
↓
應變較小

相同體積下，
表面積越大

體積／表面積 小

表面積越大，水分容易蒸發
↓
容易乾燥收縮
↓
應變較大

● 寬厚比越大，表示是較薄且寬廣的板，容易產生局部挫曲（部分彎折）。
● 比表面積是指表面積／體積（表面積體積比）。

15

單位水量

Q 單位粗骨材量越大，乾燥收縮裂縫會如何？

▼

A 粗骨材不太會收縮，增加粗骨材可以減少乾燥收縮裂縫。

 單位粗骨材量是每1m³混凝土中的粗骨材kg數。

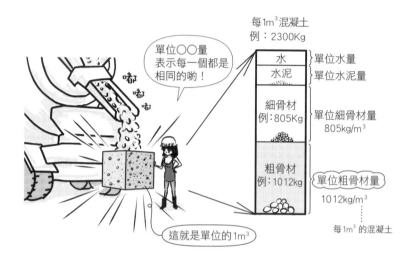

粗骨材不像水泥漿體會乾燥收縮。因此，單位粗骨材量越大，可以抑制乾燥收縮的變形，減少產生裂縫。但是增加粗骨材會讓材料容易分離，施工性降低。

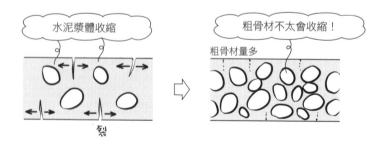

● 骨材的質量是以完全乾燥的絕對乾燥狀態（絕乾狀態），或是內部為水飽和、表面乾燥的表面乾燥飽和狀態（表乾狀態）進行測量。

Q 從安山岩碎石到石灰岩碎石的粗骨材，乾燥收縮裂縫會如何變化？

▼

A 相較於安山岩，石灰岩的吸水率較小，乾燥收縮變形也較小。

除了單位水量，骨材的種類也與乾燥收縮裂縫有關。岩石的吸水率依產地而異，大致上如下圖所示。石灰岩碎石作為骨材時，吸水率較小，骨材本身的乾燥收縮也較小，混凝土的乾燥收縮變形自然比較小。

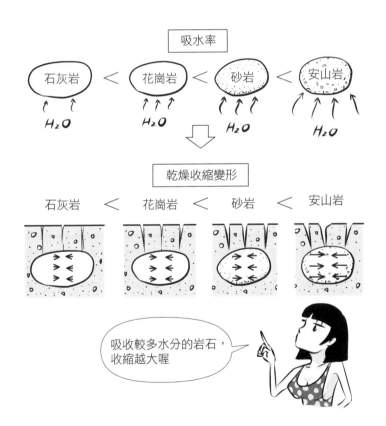

Q 碎石的形狀為多角形，與圓形的河川礫石相比，若要製作出相同坍度的混凝土，所需的單位水量如何？

▼

A 多角形比較難流動，因此需要較多的單位水量。

河川礫石經過水的沖刷已經去除菱角，變得比較圓潤。另一方面，碎石是敲碎大岩石而得，表面是有菱有角的多角形，表面積也比較大。因此，若需要製作相同軟度和流動性，也就是相同坍度的混凝土，碎石需要比較多的水分。一般礫石也一樣。若使用碎石、碎砂，又想將單位水量壓在 185kg/m³ 以下，要使用<u>高性能AE減水劑</u>。

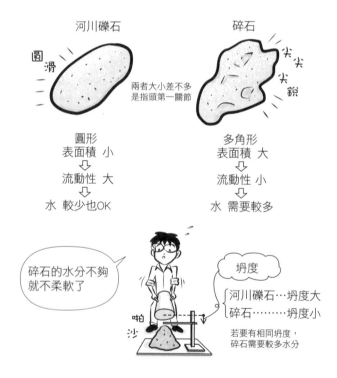

• AE 減水劑、混合劑與混合材的不同，在於劑不會影響容積，材則會影響容積的大小。

Q 接近球形的骨材與扁平的骨材，哪一個施工性比較好？

▼

A 接近球形的骨材較容易流動，施工性較好。

🔲 粗骨材（礫石）與細骨材（砂）若沒有菱角，接近球形，混凝土流動較順暢，易於塑形，<u>施工性</u>會較好。

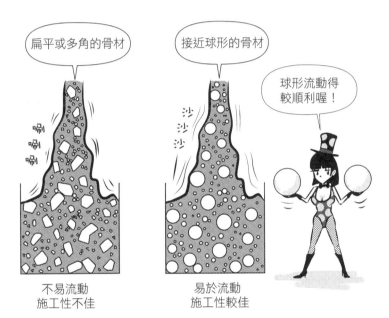

扁平或多角的骨材

接近球形的骨材

球形流動得較順利喔！

不易流動
施工性不佳

易於流動
施工性較佳

Q 細骨材率大時，為了得到所需的坍度，單位水量、單位水泥量要如何調整？

▼

A 黏性變高，需要增加單位水量，水灰比為一定時，單位水泥量要同時增加。

■ 細骨材（砂）比粗骨材（礫石）增加時（細骨材率提高），混凝土的黏性增加，較不易流動。此時有必要增加單位水量。水灰比是由強度來決定，要維持一定數值，因此單位水量增加，單位水泥量也要增加。

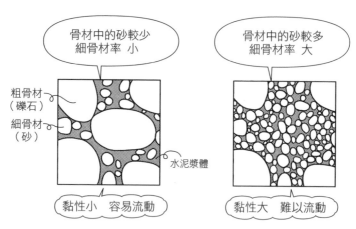

$$細骨材率 = \frac{細骨材的絕對容積(\ell/m^3)}{骨材的絕對容積(\ell/m^3)}$$

骨材中的砂較少 細骨材率 小

骨材中的砂較多 細骨材率 大

粗骨材（礫石）

細骨材（砂）

水泥漿體

黏性小 容易流動

黏性大 難以流動

Point

砂多（細骨材率 大）⇒ { 黏性 大 / 難以流動 } ⇒ 需要較多水（單位水量 大）⇒ 需要較多水泥（單位水泥量 大）

∵水／水泥是由強度決定的

Q 細骨材率提高時，坍度會如何？

▼

A 黏性變高，坍度下降。

骨材中的細骨材率較高，表示砂較多，黏性變大，坍度就會下降。坍度下降太多，會變得難以流動，施工不易，因此要降低細骨材率，調整坍度。可以增加單位水量讓坍度提高，但容易引起收縮裂縫。反之，若細骨材率變小，讓砂減少，失去黏性，容易引起材料分離。

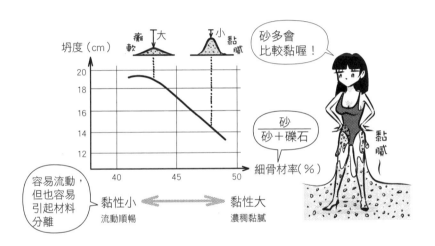

Q 粗骨材的最大尺寸越大，為了得到所需的坍度，單位水量要如何調整？

A 流動較順暢，可以減少單位水量。

 粗骨材（礫石）越大，流動順暢且柔軟，就算單位水量少，坍度也算大，施工性較佳。粗骨材越小，與細骨材（砂）多的情況相同，較難流動，坍度較小，施工性較差。

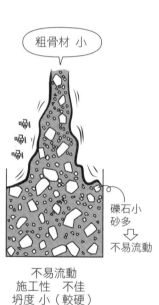

粗骨材 小

礫石小
砂多
⇩
不易流動

不易流動
施工性　不佳
坍度　小（較硬）

粗骨材 大

太大的話容易
卡在鋼筋和
模板

易於流動
施工性　較佳
坍度　大（柔軟）

黏膩

水少就硬

癱軟

就算水少也很柔軟

Q 什麼是泥漿水？泥漿水可以當作混凝土的拌合水嗎？

▼

A 從清洗混凝土的排水，除去骨材後回收的循環水。只有計畫使用期限為短期、標準的混凝土，可以用泥漿水作為拌合水。

泥漿水是從清洗混凝土的排水，除去粗骨材、細骨材後回收的循環水。除去骨材之前的清洗排水，稱為回收水。雖然確定再利用泥漿水並無問題，但不可使用在「長期」、「超長期」。

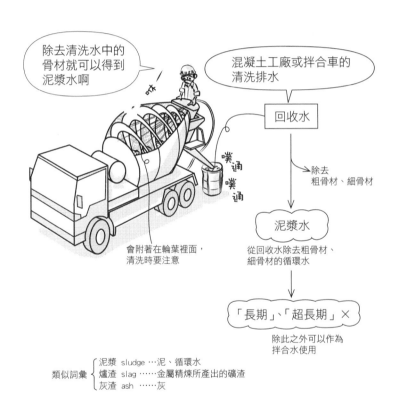

除去清洗水中的骨材就可以得到泥漿水啊

混凝土工廠或拌合車的清洗排水

回收水

除去 粗骨材、細骨材

泥漿水

從回收水除去粗骨材、細骨材的循環水

「長期」、「超長期」×

除此之外可以作為拌合水使用

會附著在輪葉裡面，清洗時要注意

類似詞彙 ⎰ 泥漿 sludge …泥、循環水
　　　　 ⎨ 爐渣 slag ……金屬精煉所產出的礦渣
　　　　 ⎱ 灰渣 ash ……灰

15

單位水量

Q 普通混凝土的單位水泥量是多少kg/m³？

▼

A 270kg/m³ 以上。

單位水泥量是在每1m³的混凝土中，加入多少kg水泥的數值。使用普通骨材的普通混凝土單位水泥量是270kg/m³以上（JASS 5）。水泥減少時，水泥＋水＝水泥漿體（水泥糊漿）也減少，成為乾燥難流動的混凝土。容易造成蜂窩或孔洞，使水密性及耐久性下降。此時為了確保強度，除了水灰比之外，也規定了單位水泥量的大小。

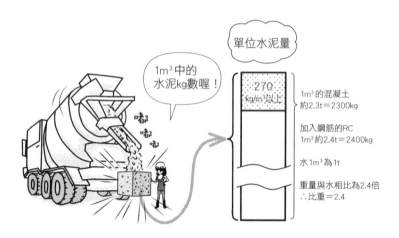

1m³中的水泥kg數喔！

單位水泥量

270 kg/m³以上

1m³的混凝土約2.3t＝2300kg

加入鋼筋的RC 1m³約2.4t＝2400kg

水1m³為1t

重量與水相比為2.4倍 ∴比重＝2.4

Q 水化熱在單位水泥量減少時，會如何變化？

▼

A 會變小。

水泥和水反應，生成固體水合物時（水化反應）所產生的熱，就是水化熱。相較於水泥＋水的狀態，水化反應後的水合物狀態，能量較低，這個差值就是水化熱。

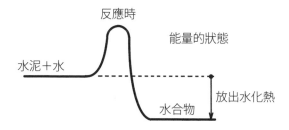

水泥量減少時，水化熱也會減少。

水化熱大時，膨脹後只有外圍冷卻收縮，受到沒有冷卻的中央部位限制，因而生成裂縫。以下圖為例，沒有受到限制時如左圖所示，會整個進行收縮。若像下面右圖兩側受到限制，收縮會有拉力作用，產生龜裂或斷裂等情況。乾燥收縮和水化熱冷卻時的收縮，兩者都是因為受到限制而產生裂縫。此時受到限制的大部分是構材內部，水分難以蒸發、熱難以冷卻的部位。

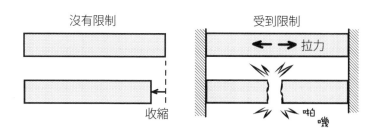

Q 為了防止巨積混凝土因溫度而產生裂縫，使用什麼水泥比較好？

▼

A 使用中庸熱波特蘭水泥、低熱波特蘭水泥，可以抑制水化熱。

巨積混凝土是像基礎梁一樣的大斷面混凝土，容易因水化熱而使溫度上升，產生裂縫。體積大時，水泥水化反應所產生的熱會累積，整體產生膨脹。外圍慢慢開始冷卻收縮，中央部位則有熱殘留，讓收縮無法順利進行。中央部分限制了收縮的進行，只有四周收縮，使四周開始產生裂縫。這就是溫差裂縫。

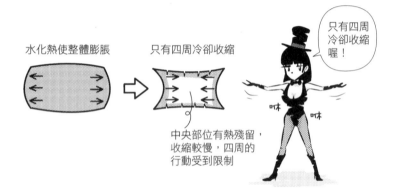

水化熱使整體膨脹　　　只有四周冷卻收縮

只有四周冷卻收縮喔！

中央部位有熱殘留，收縮較慢，四周的行動受到限制

低熱波特蘭水泥、中庸熱波特蘭水泥會緩慢地增加強度，因此水化熱也較少，可以有效防止巨積混凝土產生溫差裂縫。

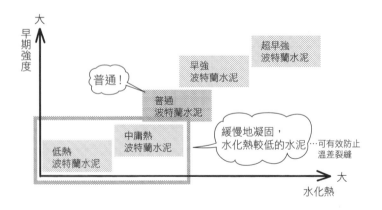

大
早期強度

超早強
波特蘭水泥

早強
波特蘭水泥

普通！

普通
波特蘭水泥

中庸熱
波特蘭水泥

緩慢地凝固，
水化熱較低的水泥

…可有效防止
溫差裂縫

低熱
波特蘭水泥

大
水化熱

Q 巨積混凝土澆置後，為了冷卻可以灑水嗎？

▼

A 這樣只有表面會冷卻收縮，進而產生裂縫，因此不要灑水。

巨積混凝土灑水只會讓表面冷卻收縮，內部卻是膨脹，就會產生裂縫。應該慢慢讓整體冷卻下來，在表面進行<u>保溫養護</u>。以草蓆、塑膠布或隔熱墊等覆蓋起來。

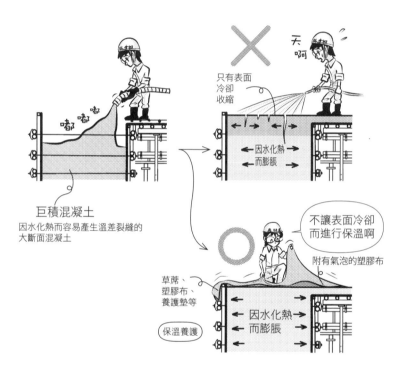

巨積混凝土
因水化熱而容易產生溫差裂縫的
大斷面混凝土

Q 單位水泥量過小時會如何？

▼

A 水泥漿體太少時，沒有黏性，容易骨材分離。

水泥減少時，水泥漿體會沒有黏性，容易產生骨材分離。水泥漿體的黏性會黏住骨材，讓混凝土柔軟變形成各種形狀，具有良好的<u>可塑性</u>。若水泥較少，會讓可塑性下降，骨材容易分離，<u>施工性</u>也變差。

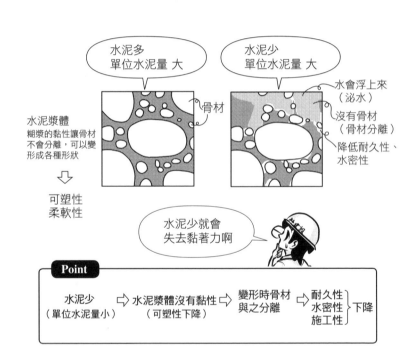

Q 什麼是自體收縮？為了抑制高強度混凝土的自體收縮，如何調整單位水泥量？

▼

A 自體收縮是指水泥組織因為水化反應而產生收縮。若要抑制自體收縮，必須在水灰比維持一定值下，減少單位水泥量。

混凝土的收縮，除了因為水分蒸發而引起的<u>乾燥收縮</u>之外，還有水泥本身在水化反應硬化時引起的<u>自體收縮</u>。雖然不像乾燥收縮那麼大，但當硬化（凝結）開始，就會馬上發生。

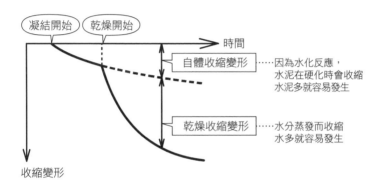

超過 36N/mm² 的高強度混凝土（參見 R178），為了產生強度，水泥量比水多。因此，高強度混凝土容易發生自體收縮，必須讓<u>水灰比維持一定值，盡量減少單位水泥量</u>。

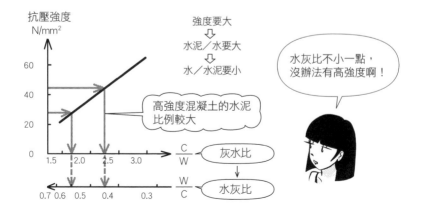

16

單位水泥量

Q 使用高性能AE減水劑的普通混凝土，單位水泥量要在多少kg/m³以上？

A 290kg/m³以上。

高性能AE減水劑是利用靜電的反作用力等，在少量水分下也能讓混凝土流動順暢的混合劑。水泥量太少會失去黏性，容易造成礫石分離和泌水（礫石下沉、水分上浮的現象），因此單位水泥量要在290kg/m³以上（JASS 5 解説）。

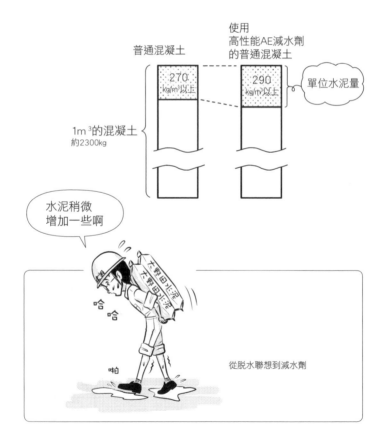

Q 澆置在場鑄混凝土樁安定液中的混凝土，單位水泥量是多少kg/m³？

A 330kg/m³以上。

場鑄混凝土樁工程是在水中澆置的<u>水中混凝土</u>。要完全與水或安定液交換，需要較高的黏性和密度，為了避免混入水或安定液而使抗壓強度太低，水泥量必須比一般情況增加。因此，單位水泥量要在<u>330kg/m³以上</u>（JASS 5）。

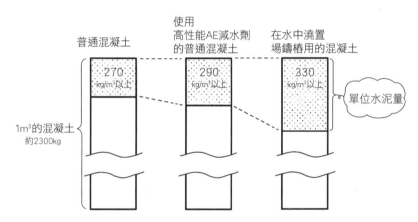

Q 混凝土的設計基準強度 F_c 是什麼？

▼

A F_c 是結構計算時作為基準的抗壓強度。

設計基準強度 F_c 是在結構設計時的基準強度。從 F_c 可以計算出長期、短期的容許應力，各部位的應力要在該值以下，以確保安全無虞（參見R130）。F_c 是依據結構設計者的要求，再由此求得配比強度。鋼材從工廠出貨時就已經有強度保證，因此稱為基準強度 F，沒有加上「設計」一詞。鋼的壓力、拉力都是相同強度，但混凝土則是對拉力無效，因此說到混凝土的強度就是抗壓強度。

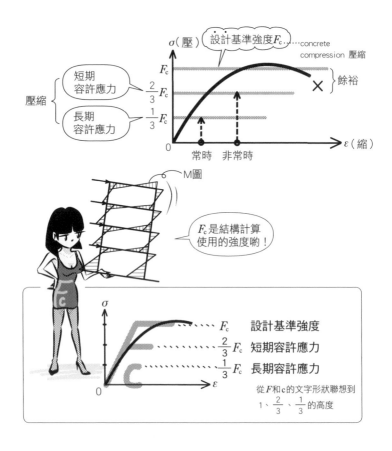

Q 耐久設計基準強度 F_d 在計畫使用期限為標準的情況下，是多少 N/mm² ？

▼

A 標準時的 F_d 是 24N/mm²。

混凝土在水合結晶後的組織較緻密者，強度較高，二氧化碳 CO_2 或水、鹽分難以滲入，耐久性也較佳。換言之，要提升耐久性，就要提高強度，使組織緻密。JASS 5 中決定耐久性能的強度就是<u>耐久設計基準強度 F_d</u>，「<u>標準</u>」是 24N/mm²，「<u>長期</u>」則是 30N/mm²。

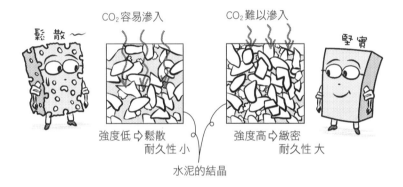

CO₂ 容易滲入　　　CO₂ 難以滲入

鬆散～　　　堅實

強度低 ⇨ 鬆散　　　強度高 ⇨ 緻密
　耐久性 小　　　　　　耐久性 大

水泥的結晶

耐久設計基準強度 F_d　　d：durability 耐久性

計畫使用期限	計畫使用期限的級別	耐久設計基準強度 F_d（N/mm²）
大約30年	短期使用級	18
大約65年	標準使用級	24
大約100年	長期使用級	30
大約200年	超長期使用級	36

17

混凝土的強度

Q 矽灰具有何種性質？如何使用？

▼

A 可進入水泥粒子之間產生硬化，作為高強度混凝土的混合材。

◼ 矽灰的粒子比煙還要小，為球形
的超微粒子，如下圖填充在水泥
粒子的縫隙之間，使組織緻密
（填充效果）。此外，水泥的氫氧
化鈣與矽粉的二氧化矽會產生反
應（火山灰反應），進而硬化。
這樣的性質可作為高強度混凝土
的混合材使用。不是混合劑，而
是混合材，因為混合時會影響體
積。

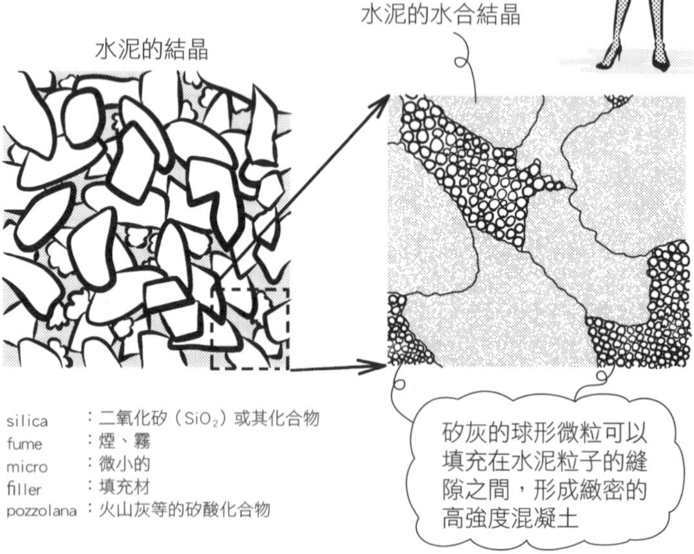

> 比煙的粒子
> 還小喲！

水泥的水合結晶

水泥的結晶

silica	：二氧化矽（SiO_2）或其化合物
fume	：煙、霧
micro	：微小的
filler	：填充材
pozzolana	：火山灰等的矽酸化合物

> 矽灰的球形微粒可以
> 填充在水泥粒子的縫
> 隙之間，形成緻密的
> 高強度混凝土

Q 如何決定混凝土的品質基準強度 F_q？

▼

A 在設計基準強度 F_c 與耐久設計基準強度 F_d 之間，取較大者為 F_q。

品質基準強度 F_q 必須滿足 F_c 與 F_d，作為混凝土強度品質的基準值（JASS 5）。換言之，作為結構計算基準的 F_c，以及依計畫使用期限級別來決定的 F_d 之中，以較大者作為 F_q。例如 F_c 是 24N/mm² 的「長期」（F_d=30N/mm²）條件下，F_q 就是較大的 30N/mm²。

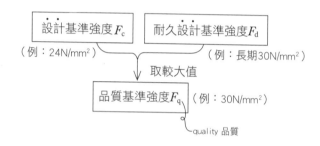

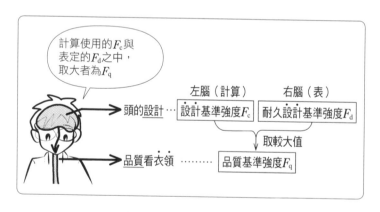

17

混凝土的強度

Q 如何決定配比管理強度 F_m？

▼

A F_q 加上結構體強度補正值 S 所得的值，就是 F_m。

配比管理強度 F_m 是作為配比管理的基準強度。建物本身的結構體
混凝土要滿足品質基準強度 F_q，另外還要以試體進行能培養出較
強強度的標準養護，取得試驗強度。因此，F_m 要比 F_q 大，加上補
正值 S（JASS 5）。品質基準強度 F_q 為 30N/mm²、補正值 S 是 3N/
mm² 時，配比管理強度 F_m 就是 $F_q+S=30+3=33$N/mm²。

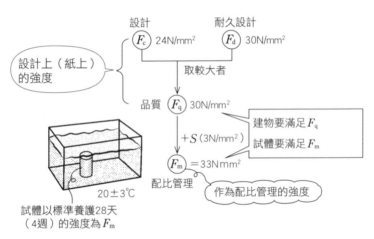

設計上（紙上）
的強度

設計 F_c 24N/mm²　　耐久設計 F_d 30N/mm²

取較大者

品質 F_q 30N/mm²

建物要滿足 F_q
試體要滿足 F_m

$+S$（3N/mm²）

F_m = 33N mm²

配比管理

作為配比管理的強度

20±3℃

試體以標準養護28天
（4週）的強度為 F_m

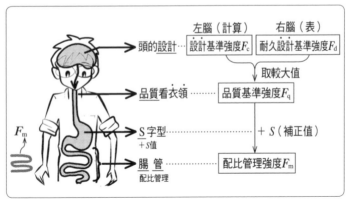

左腦（計算）　　右腦（表）

頭的設計… 設計基準強度 F_c 　 耐久設計基準強度 F_d

取較大值

品質看衣領……… 品質基準強度 F_q

F_m
$+S$值

S 字型………… $+S$（補正值）

腸 管…………… 配比管理強度 F_m
配比管理

c：concrete　d：durability　q：quality　S：subjunction　m：management　F：Force

$\mathbf{Q}$ 如何決定結構體強度補正值 S？

▼

$\mathbf{A}$ 依據水泥的種類、預測平均氣溫 θ，為 3N/mm² 或 6N/mm²。

⬛ 從澆置到 28 天的預測平均氣溫 θ 在 8℃ 以上者，補正值 S 為 3N/mm²，0℃ 以上、未滿 8℃ 則是 6N/mm²（普通波特蘭水泥的情況下，JASS 5）。此外，超過 25℃ 的炎熱期間，S 也是 6N/mm²。

17

混凝土的強度

3N/mm² or 6N/mm²

加上補正值
S 喔！

結構體強度補正值 S 的標準值

(JASS 5)

水泥的種類	混凝土從澆置到 28 天期間的預測平均氣溫 θ 的範圍（℃）	
早強波特蘭水泥	$5 \leqq \theta$	$0 \leqq \theta < 5$
普通波特蘭水泥	$8 \leqq \theta$	$0 \leqq \theta < 8$
高爐水泥B種	$13 \leqq \theta$	$0 \leqq \theta < 13$
結構體強度補正值 S(N/mm²)	3	6

註：炎熱期間的結構體強度補正值 S 是 6N/mm²。

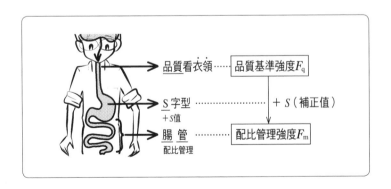

品質看衣領 ‥‥‥‥ 品質基準強度 F_q

S 字型 ‥‥‥‥‥‥ $+ S$（補正值）
$+S$值

腸　管 ‥‥‥‥ 配比管理強度 F_m
配比管理

Q 使用普通波特蘭水泥的混凝土，在預測平均氣溫 θ 為 $8 \leqq \theta$ 以及 $0 \leqq$ $\theta < 8$ 時，結構體強度補正值 S 是多少 N/mm^2？

▼

A $8 \leqq \theta$ 時是 3N/mm^2，$0 \leqq \theta < 8$ 時是 6N/mm^2。

結構體強度補正值 S，在8℃以上時是3N/mm^2，0℃以上、未滿8℃ 則是6N/mm^2。超過25℃的炎熱期間，S也是6N/mm^2。8℃時結構 體強度補正值 S 就會改變，就記住8℃吧。

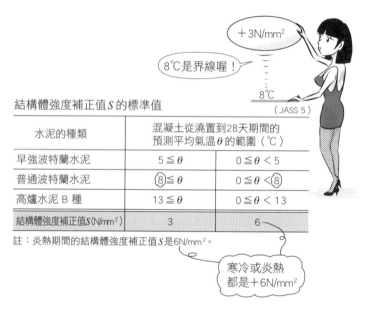

結構體強度補正值 S 的標準值

（JASS 5）

水泥的種類	混凝土從澆置到28天期間的 預測平均氣溫 θ 的範圍（℃）	
早強波特蘭水泥	$5 \leqq \theta$	$0 \leqq \theta < 5$
普通波特蘭水泥	⑧$\leqq \theta$	$0 \leqq \theta <$ ⑧
高爐水泥 B 種	$13 \leqq \theta$	$0 \leqq \theta < 13$
結構體強度補正值 S (N/mm^2)	3	6

註：炎熱期間的結構體強度補正值 S 是6N/mm^2。

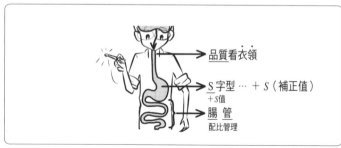

品質看衣領

S 字型 … + S（補正值） + S 值

腸 管 配比管理

Q 結構體強度補正值 $_{28}S_{91}$ 是什麼？

▼

A 試體進行標準養護，材齡 28 天的抗壓強度，與材齡 91 天的結構體
混凝土的抗壓強度，兩者的差值就是結構體強度補正值。

◆ 結構體強度補正值 S，正確寫法是 $_mS_n$。若無特別説明，就是 $_{28}S_{91}$，
數值為 <u>3N/mm²、6N/mm²</u>（參見 R237、R238）。建物本身的結構體混
凝土強度，會比在試驗場以一定水溫進行水中養護的標準養護試體
強度來得小。補正兩者差值的就是補正值 S，附上標準養護試體的
材齡 m 天及結構體混凝土的材齡 n 天，以 $_mS_n$ 表示。若無特別説明，
m 是 28（4 週），n 是 91（13 週）（JASS 5）。

17

混凝土的強度

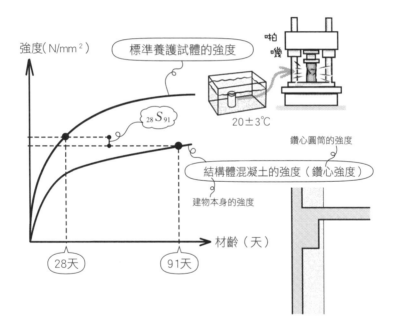

Q 普通混凝土進行結構體混凝土的抗壓強度檢查時，1次試驗所使用的試體如何取樣？

▼

A 以適當的間隔從3輛運輸車各取1個，合計取3個樣本。

結構體是指實際建物的結構部分，其強度是以試體進行試驗，確認在配比管理強度 F_m 以上。試體以3個為一組，平均值要在 F_m 以上。<u>3個試體是以適當間隔從3輛運輸車（拌合車、攪拌車）各取1個</u>（JASS 5）。3個試體以28天標準養護，確認其平均強度在 F_m 以上，就可以推定結構體混凝土強度（鑽心強度）在 F_q 以上。

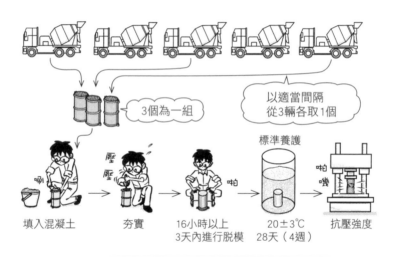

以適當間隔
從3輛各取1個

3個為一組

標準養護

填入混凝土　　夯實　　16小時以上　　20±3℃　　抗壓強度
　　　　　　　　　　　　3天內進行脫模　　28天（4週）

確認　28天標準養護試體強度 ≧ 配比管理強度 F_m

or

確認　91天鑽心強度 ≧ 品質基準強度 F_q

過多的鑽心取樣對建物是一種損傷，
修補也很麻煩，不易執行

Q 普通混凝土進行結構體混凝土的抗壓強度檢查時，如何決定1次試驗的進行單位（批次）？

▼

A 以澆置日、澆置工區或150m³及其尾數為1單位（1批次），進行1次試驗（JASS 5）。

每次檢查都使用3個試體，以適當間隔從3輛運輸車各取1個。作為檢查對象的一群或一堆製品，稱為批次。

17

混凝土的強度

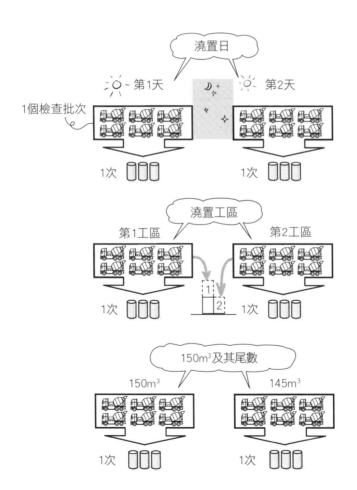

Q 檢查結構體混凝土強度時，怎樣才算合格？

▼

A 以標準養護、材齡28天的3個試體，其抗壓強度的平均≧配比管理強度 F_m，就算合格。

■ 材齡91天的建物結構體混凝土強度，要滿足在品質基準強度 F_q 以上的規定，因此以28天標準養護的3個試體，平均在配比管理強度以上，就算合格（JASS 5）。

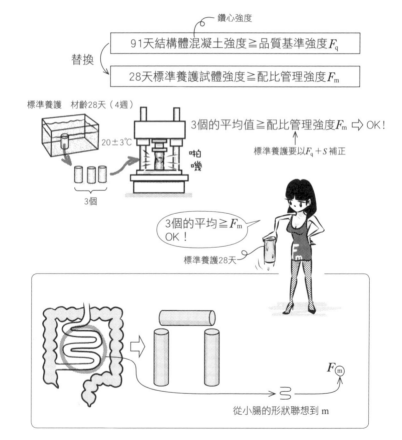

鑽心強度

$$91天結構體混凝土強度 \geq 品質基準強度 F_q$$

替換

$$28天標準養護試體強度 \geq 配比管理強度 F_m$$

標準養護　材齡28天（4週）

$20 \pm 3°C$

啪嘰

3個

3個的平均值≧配比管理強度 F_m ▷ OK！

標準養護要以 $F_q + S$ 補正

3個的平均≧F_m
OK！

標準養護28天

$F_{(m)}$

從小腸的形狀聯想到 m

Q 結構體混凝土強度的檢查結果不合格時，如何處理？

▼

A 經監造人承諾，必須從結構體鑽心取樣進行強度試驗等。若仍然不合格，要進行結構體的補強。

◆ 試體3個都被破壞，其平均在配比管理強度 F_m 以下時，就要進行鑽心強度試驗或其他適當的強度測試。強度檢查本來就是強度推定試驗，既然有「推定」兩字，表示並非結構體本身的強度，鑽心強度才是結構體本身的強度。

標準養護 材齡28天（4週）

20±3℃

3個

啪
嘰

F_m是推定的結構體強度

3個的平均值<配比管理強度 F_m

不合格！

試體試驗不行就要鑽心喲

鑽心取樣

嗒
嗒

鑽心破壞後可得到結構體本身的強度

啪

啵

鑽心強度

91天結構體混凝土強度≧品質基準強度 F_q

OK的話就合格。
不合格的話，結構體一定要進行補強

● 試驗結果會在澆置的28天後得知，此時就算不合格，要破壞再重新澆置也很困難，只能進行補強。因此，要特別注意避免出現不合格的情況。

Q 高強度混凝土進行結構體混凝土的抗壓強度檢查時，如何決定1次試驗的進行單位（批次）？

▼

A 以澆置日且300m³為1單位（1批次，lot），進行3次試驗。

高強度混凝土是以澆置日且300m³為單位，進行3次試驗（JASS 5）。

1次試驗使用3個試體，和普通混凝土一樣。但普通混凝土1批次是150m³，高強度混凝土是300m³。1批次的試驗次數分別是1次和3次。

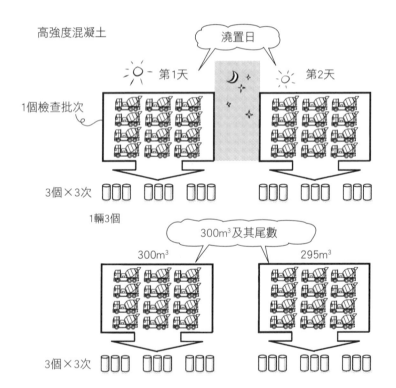

高強度混凝土

澆置日

第1天　　　　　　第2天

1個檢查批次

3個×3次

1輛3個

300m³及其尾數

300m³　　　　　　295m³

3個×3次

• lot是地、群、區劃的意思，常用詞為a lot of～（很多的～）。

混凝土公司為了確保自家製品符合訂購者所需的品質，會在卸貨時（從拌合車的瀉槽轉移到泵浦車之際）進行檢查。之後若是結構體強度沒有出來，混凝土公司可以用來證明責任歸屬。另一方面，施工端為了掌握在經過幾日時，結構體強度和拆模時的強度會有多少 N/mm^2，也會在收貨時取樣檢查。其他如坍度、坍流度、空氣量、氯離子量、溫度的檢查，為了釐清責任，原則上都會個別進行。

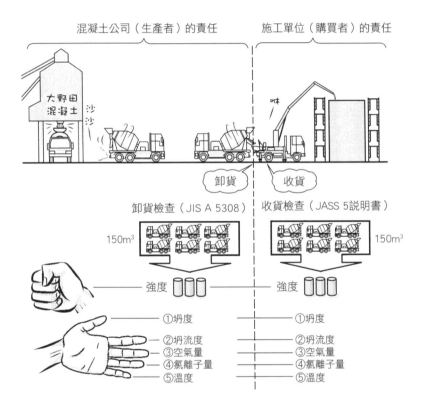

● 使用前基本上是兩者分別進行檢查，實際上施工端一般是委託檢查機關來處理。由於要到 28 天後才知道是否符合配比管理強度，應盡量避免不合格的情況，以免暫停施工。

Q 場鑄混凝土樁的混凝土，試體要如何養護？

▼

A 地下溫度與地表不同，不可使用現場養護，要用標準養護。

◼ 若為場鑄混凝土樁，地下溫度與地上不同，不可使用現場養護。由於是被包圍在土中且有水的狀態，比較接近水中養護。因此，場鑄混凝土樁的強度管理是以標準養護進行（公說）。此外，巨積混凝土由於水化熱的緣故，溫度會與現場不同，也要使用標準養護來進行強度管理（公說）。<u>只有條件相近的襯板保留期間、支撐材保留期間的強度管理，使用現場養護。</u>

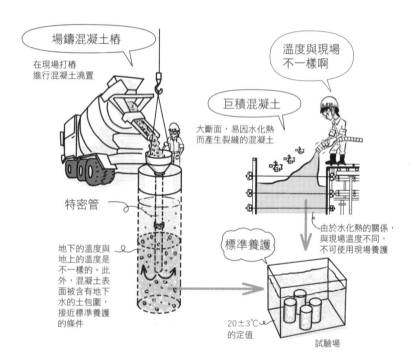

Q 預鑄構材脫模時的抗壓強度檢查，試體要如何養護？

▼

A 跟預鑄混凝土一樣，以加熱濕治養護。

◆ 預鑄混凝土是使用蒸氣等的加熱濕治養護。若要推定脫模時的強
　度，試體必須同樣使用加熱濕治養護（參見R154）。標準養護是用
　20±3℃的水進行水中養護，強度會不同。平放狀態下脫模，強度要
　在12N/mm²左右；70°~80°傾斜狀態下脫模，則是必須有8~10N/
　mm²左右（JASS 10，參見R153）。

17

混凝土的強度

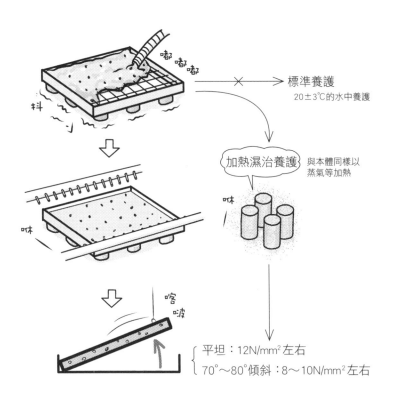

標準養護
20±3℃的水中養護

加熱濕治養護　與本體同樣以
蒸氣等加熱

平坦：12N/mm²左右
70°～80°傾斜：8～10N/mm²左右

試體養護基本上是用標準養護。除去襯板等，在施工上必要的強度
多為1週左右的材齡，受到溫度很大影響，所以要使用現場養護。
預鑄混凝土則是與製造方法相同，使用加熱濕治養護。

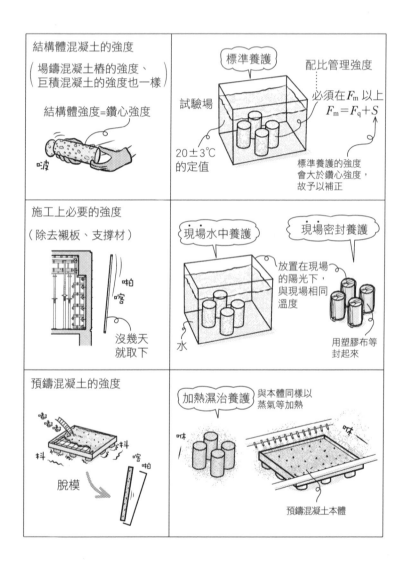

Q 預訂預拌混凝土時的標稱強度，與配比管理強度 F_m 相同嗎？

▼

A 是的。標稱強度與配比管理強度 F_m 相同。

◆ 標稱強度是指向預拌混凝土工廠訂購時的強度。品質基準強度 F_q 加上補正值 S 的配比管理強度 F_m，就是標稱強度。

17

混凝土的強度

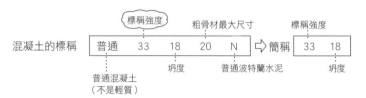

	標稱強度		粗骨材最大尺寸		標稱強度	
混凝土的標稱	普通	33	18	20	N	⇨ 簡稱	33	18

坍度　普通波特蘭水泥　坍度

普通混凝土
（不是輕質）

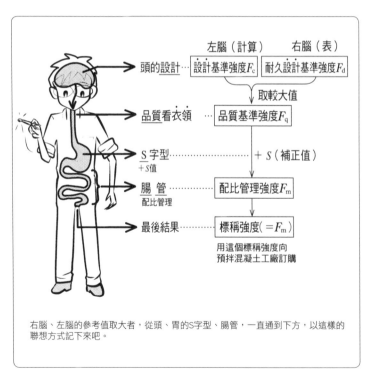

右腦、左腦的參考值取大者，從頭、胃的S字型、腸管，一直通到下方，以這樣的聯想方式記下來吧。

c：concrete　d：durability　q：quality　S：subjunction　m：managememt　F：force

Q 配比強度 F 是配比管理強度 F_m 加上什麼？

▼

A 配比強度 F 是考量配比管理強度 F_m 的偏差，加上增加比例的數值。

◼ 實際進行配比時，強度會有偏差，考量配比管理強度 F_m 的偏差，
加上增加比例的數值，就是配比強度 F。偏差程度是使用標準差
σ，有兩個公式可以計算（JASS 5）。結構體強度補正值 S 是試體與
結構體的差別、溫度的差別，增加 σ 則是考量工廠配比偏差所產生
的差值。

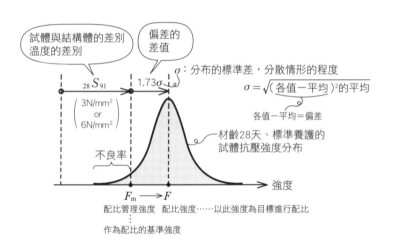

$\sigma = \sqrt{(各值－平均)^2 的平均}$

各值－平均＝偏差

材齡28天、標準養護的
試體抗壓強度分布

$F_m \longrightarrow F$

配比管理強度　配比強度……以此強度為目標進行配比

作為配比的基準強度

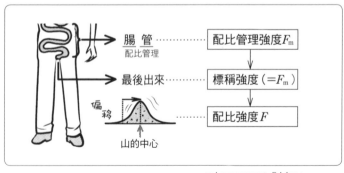

腸 管 ……… 配比管理強度 F_m
　配比管理

最後出來 ……… 標稱強度（＝F_m）

偏移

配比強度 F

山的中心

m：managememt　F：force

強度的名稱共有6種，補正、調整有2次，一起記下來吧。如下圖所示，以自己的身體來記憶，一下子就記住了。

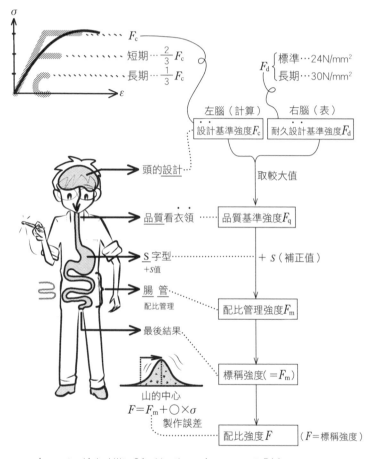

$$\sigma$$

F_c

短期 $\cdots \dfrac{2}{3}F_c$

長期 $\cdots \dfrac{1}{3}F_c$

$$\varepsilon$$

$F_d \begin{cases} 標準 \cdots 24N/mm^2 \\ 長期 \cdots 30N/mm^2 \end{cases}$

左腦（計算）　　右腦（表）

設計基準強度F_c　　耐久設計基準強度F_d

頭的設計 $\cdots$

取較大值

品質看衣領 $\cdots$ 品質基準強度F_q

S字型
+s值 $\cdots$ + s（補正值）

腸 管
配比管理 $\cdots$ 配比管理強度F_m

最後結果 $\cdots$ 標稱強度($=F_m$)

山的中心
$F = F_m + \bigcirc \times \sigma$
製作誤差 $\cdots$ 配比強度F　　（$F=$標稱強度）

c：concrete　d：durability　S：subjunction　m：managememt　F：force

17

混凝土的強度

本節介紹配比大致上的決定順序。

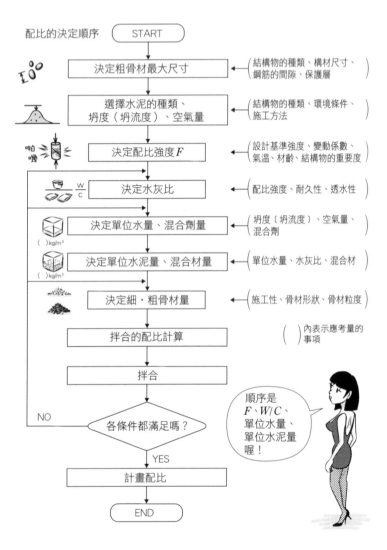

配比的決定順序

START

決定粗骨材最大尺寸 ← (結構物的種類、構材尺寸、鋼筋的間隙、保護層)

選擇水泥的種類、坍度（坍流度）、空氣量 ← (結構物的種類、環境條件、施工方法)

決定配比強度 F ← (設計基準強度、變動係數、氣溫、材齡、結構物的重要度)

決定水灰比 ← (配比強度、耐久性、透水性)

決定單位水量、混合劑量 ← (坍度〔坍流度〕、空氣量、混合劑)
(　)kg/m³

決定單位水泥量、混合材量 ← (單位水量、水灰比、混合材)
(　)kg/m³

決定細·粗骨材量 ← (施工性、骨材形狀、骨材粒度)

拌合的配比計算 　(　)內表示應考量的事項

拌合

NO

各條件都滿足嗎？

YES

計畫配比

END

順序是 F、W/C、單位水量、單位水泥量喔！

註：上述流程圖是因應日本混凝土技師測驗（平成22年〔2010〕）所製作。

本節彙整配比混凝土的各項係數大小和應達目標。

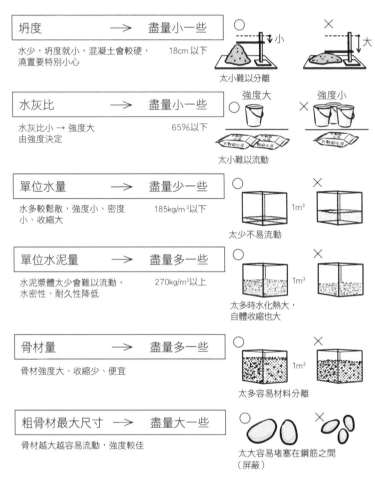

坦度	⟶ 盡量小一些
水少，坦度就小，混凝土會較硬，澆置要特別小心	18cm 以下

太小難以分離

水灰比	⟶ 盡量小一些
水灰比小 → 強度大由強度決定	65%以下

強度大　　強度小
太小難以流動

單位水量	⟶ 盡量少一些
水多較鬆散，強度小、密度小、收縮大	185kg/m³以下

1m³
太少不易流動

單位水泥量	⟶ 盡量多一些
水泥漿體太少會難以流動，水密性、耐久性降低	270kg/m³以上

1m³
太多時水化熱大，自體收縮也大

骨材量	⟶ 盡量多一些
骨材強度大、收縮少、便宜	

1m³
太多容易材料分離

粗骨材最大尺寸	⟶ 盡量大一些
骨材越大越容易流動，強度較佳	

太大容易堵塞在鋼筋之間（屏蔽）

細骨材率	⟶ 盡量小一些
砂越少越容易流動	

17

混凝土的強度

Q 反彈錘（司密特衝錘）是什麼？

A 敲擊混凝土的表面，利用反彈來推測抗壓強度的裝置。

反彈錘（司密特衝錘、史密特錘〔Schmidt hammer〕）是利用敲擊混凝土的反彈（rebound）來推測強度的裝置。可以使用在既有的建物，但檢查結果的正確度不如鑽心試驗。

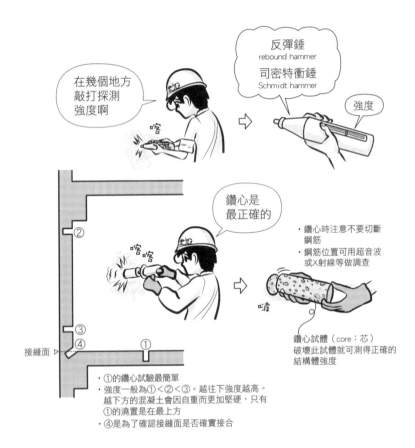

在幾個地方敲打探測強度啊

反彈錘
rebound hammer
司密特衝錘
Schmidt hammer

強度

鑽心是最正確的

·鑽心時注意不要切斷鋼筋
·鋼筋位置可用超音波或X射線等做調查

鑽心試體（core：芯）
破壞此試體就可測得正確的結構體強度

接縫面 ▷

·①的鑽心試驗最簡單
·強度一般為①<②<③。越往下強度越高。越下方的混凝土會因自重而更加堅硬，只有①的澆置是在最上方
·④是為了確認接縫面是否確實接合

混凝土的配比強度等，可用標準差、常態分布等統計的基本項目表示，彙整如下。

表示「平均」的常用符號如下所示。

平均的符號 → m（得自表示平均的mean）　$\bar{x}_i$（變數的上方多一橫）
μ（希臘字母的 m）　　　$E(x)$（x為變數，得自表示平均的even）

一般來說，平均是指各個數值相加再除以個數的算術平均（相加平均）。除了算術平均之外，還有將數值相乘後開根號的幾何平均（相乘平均）。

下面是一個簡單的例子，考量 2、2、3、5、8 的分散情況。

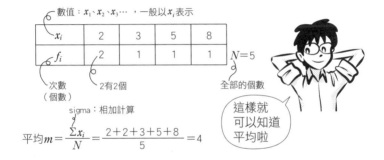

數值：x_1、x_2、$x_3 \cdots$，一般以 x_i 表示

x_i	2	3	5	8
f_i	2	1	1	1

$N = 5$

次數（個數）　2有2個　　　　全部的個數

sigma：相加計算

$$平均\ m = \frac{\sum x_i}{N} = \frac{2+2+3+5+8}{5} = 4$$

這樣就可以知道平均啦

考量分散情況時，首先要計算平均 m 與各個數值的偏差。各個數值與平均之間的遠近，可以知道個別的分散情況。

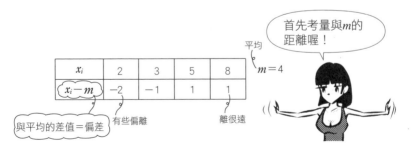

首先考量與m的距離喔！

平均
$m = 4$

x_i	2	3	5	8
$x_i - m$	-2	-1	1	1

與平均的差值＝偏差　　有些偏離　　　離很遠

偏差可以知道各個數值與平均之間的遠近，但不知道整體的分散情況。試著取出偏差的平均吧。

17

混凝土的強度

偏差 $x_i - m$ 的平均，以 $\dfrac{\Sigma(x_i - m)}{N}$ 計算。

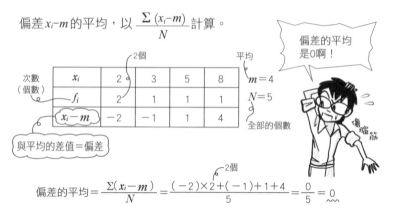

偏差的平均 $= \dfrac{\Sigma(x_i - m)}{N} = \dfrac{(-2) \times 2 + (-1) + 1 + 4}{5} = \dfrac{0}{5} = 0$

<u>偏差的平均是0</u>。各個數值與平均的距離正好正負相消，平均分散，因此偏差的平均是0。結果為0將無法計算分散情況，因此<u>偏差是用2次方後相加</u>。

也有以絕對值計算的方式，$x_i - m \geqq 0$ 時，$|x_i - m| = x_i - m$；$x_i - m < 0$ 時，$|x_i - m| = -(x_i - m)$。計算上要分開，比較麻煩，因此不常使用。

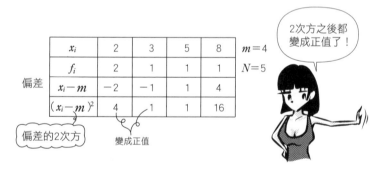

偏差的2次方都變成正值，取其平均。

$$\boxed{(\text{偏差的2次方})\text{的平均} = \dfrac{\Sigma(x_i - m)^2}{N}} = \dfrac{4 \times 2 + 1 + 1 + 16}{5} = \dfrac{26}{5} = 5.2$$

偏差2次方的平均是稱為<u>分散</u>的係數。偏差2次方的情況下，例如各個數值 x_i 以cm為單位時，偏差2次方的單位就是 cm^2。此時再將偏差2次方的平均取開根號，就可以恢復原本的單位。

$$\sqrt{(\text{偏差的2次方})的平均} = \sqrt{\dfrac{\Sigma(x_i - m)^2}{N}} = \sqrt{5.2} \fallingdotseq 2.28$$

偏差2次方的平均開根號後，稱為<u>標準差</u>。這是將各個數值與平均的分散情況、偏差，以標準化的數值呈現。

符號
$$\begin{cases} \text{標準差} \longrightarrow \sigma \quad D(x) \\ \text{分散} \longrightarrow \sigma^2 \quad V(x) \end{cases}$$

D：deviation （偏差）

V：variance （分散）

標準差的思考及推導方式整理如下。了解道理之後，就不必硬背公式了。

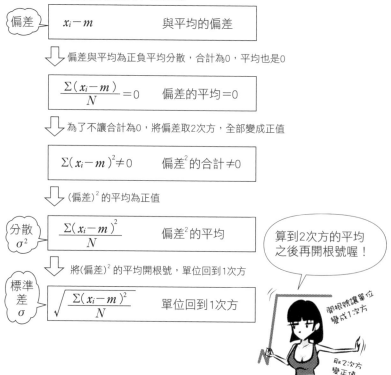

考量各個數值與平均的距離

偏差 $x_i - m$　　　　　與平均的偏差

偏差與平均為正負平均分散，合計為0，平均也是0

$\dfrac{\Sigma(x_i - m)}{N} = 0$　　偏差的平均＝0

為了不讓合計為0，將偏差取2次方，全部變成正值

$\Sigma(x_i - m)^2 \neq 0$　　偏差^{2}的合計 ≠0

（偏差）^{2} 的平均為正值

分散 σ^2　$\dfrac{\Sigma(x_i - m)^2}{N}$　　偏差^{2}的平均

算到2次方的平均之後再開根號喔！

將（偏差）^{2}的平均開根號，單位回到1次方

標準差 σ　$\sqrt{\dfrac{\Sigma(x_i - m)^2}{N}}$　　單位回到1次方

開根號讓單位變成1次方

取2次方變正值

● 標準差的符號為σ，應力的符號也是σ。但兩者意思不同，要注意喔。

考試的<u>偏差值</u>又是怎麼計算出來的？將自己的分數與平均m相減，先求得與平均的偏差。

$$偏差＝分數－m$$

只有偏差的值，但不知道是落在整體的哪邊。此時要求出偏差是標準差σ的幾倍。

$$\frac{偏差}{標準差}＝\frac{分數－m}{\sigma}$$ σ的幾倍，離平均有多遠

偏差可能是σ的0.5倍、1倍、1.5倍等等，將數值乘上10倍，讓數值看起來大一些。

$$\frac{分數－m}{\sigma}\times10$$

分數差時，分數$－m$會變成負數。以整體來說，有一半會是負數。若以50為中心，會將整體都再加上50。

$$\frac{分數－m}{\sigma}\times10＋50$$ 以50為中心

這就是所謂的偏差值。偏差值55表示只比平均高0.5σ。
分數＝80分、平均$m＝70$分、$\sigma＝10$分的情況下，偏差值＝$\frac{(80－70)}{10}\times10＋50＝60$。

計算全國模擬考的成績時，一般來說，分數的分布會以平均值m為中心，呈現左右對稱的吊鐘形、山形。

除此之外，日本人的身高、貓的腳長、年度降雨量、切成100cm的製品長度誤差等，大多是接近平均的分布，近似<u>常態分布</u>。要達成某個目標值（就是平均值）的結果，大部分也都接近常態分布。因此，常態分布的曲線也稱為<u>誤差曲線</u>。

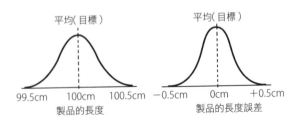

平均(目標)　　　　　　　　平均(目標)

99.5cm　100cm　100.5cm　　－0.5cm　0cm　＋0.5cm
製品的長度　　　　　　　　製品的長度誤差

「常態分布」的英文為 normal distribution，直譯是普通常見的、正常的分布。常態表示是經常看到、隨處可見的，也就是普通的分布情況。常態分布的曲線是一種<u>機率密度曲線</u>。

100個人的身高分布，以下下方的柱狀圖表示。以159~160cm等的間隔分開，將人數以高度表示。

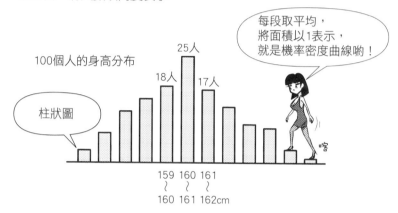

資料數（樣本數）為1億人時，間隔的寬度會變細，形成如下圖的曲線。<u>將與 x 軸包圍的面積取 1，調整圖表的高度後，就可得到機率密度曲線</u>。

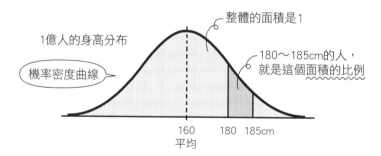

例如180到185cm之間的面積為0.1時，表示占了整體的10%。身高為180~185cm的人的機率是0.1(10%、1/10)。求得面積需要使用積分，<u>若曲線是常態分布，只要用對照表就可簡單求得</u>。不是高度而是從面積，可以知道此部分對整體的比例，發生的機率是多少。

將類似的東西集合起來，其分布會接近常態分布。這是 19 世紀天才數學家高斯所發現的，亦稱高斯分布，其公式如下：

$y = \dfrac{1}{2\pi\sigma} e^{-\frac{(x-m)^2}{2\sigma^2}}$，有些複雜，但 m、σ 與形狀、面積的關係很簡單。從中心的 m 到 $\pm\sigma$ 的地方為反曲點，這個區間的面積為 0.68…，約 70%。σ 小的話，山形較高；σ 大時就變低。$m \pm \sigma$ 所包圍的面積都是相同的。

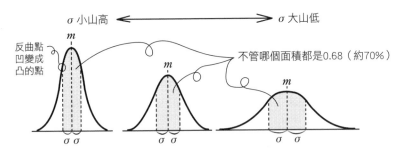

從 m 到 $\pm 2\sigma$ 的區間，面積是 0.95…，約 95%。$m \pm 2\sigma$ 的外側面積，左右加起來是 1－0.95＝0.05，約 5%。跳脫 $m \pm 2\sigma$ 以外的機率是約 5%。

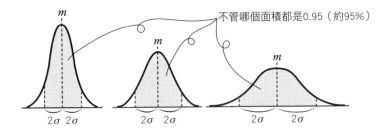

這裡思考一下混凝土工廠所配比的混凝土強度。平均抗壓強度 m 為 24N/mm²，考量標準差 σ 是 2N/mm²、2.5N/mm²、3N/mm² 等三種分布情形。從 m 計算右側 2σ 的區間面積，可以使用 $\underline{m=0 \text{、} \sigma=1 \text{的標}}$ $\underline{\text{準常態分布面積表，相當便利。}}$ $\underline{m \text{到} 2\sigma \text{的面積，不管} m \text{、} \sigma \text{的數值}}$ $\underline{\text{是多少，都是相同的。}}$

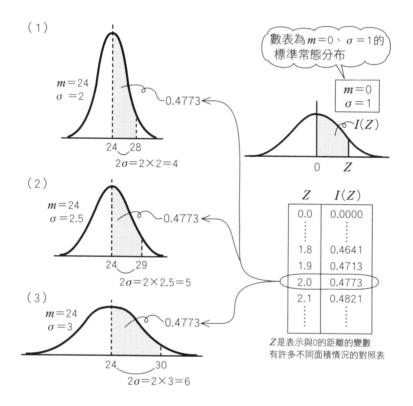

（1）

$m=24$
$\sigma=2$

0.4773

24　28
$2\sigma=2\times2=4$

數表為 $m=0$、$\sigma=1$ 的標準常態分布

$m=0$
$\sigma=1$

$I(Z)$

0　　Z

（2）

$m=24$
$\sigma=2.5$

0.4773

24　29
$2\sigma=2\times2.5=5$

Z	$I(Z)$
0.0	0.0000
⋮	⋮
1.8	0.4641
1.9	0.4713
2.0	0.4773
2.1	0.4821
⋮	⋮

（3）

$m=24$
$\sigma=3$

0.4773

24　30
$2\sigma=2\times3=6$

Z 是表示與 0 的距離的變數
有許多不同面積情況的對照表

以 24N/mm² 為目標的配比強度 F，如果 σ 大的話表示誤差大。0.4773×2=0.9546(95.46%)，$24\pm2\sigma$(N/mm²) 之內的機率約 95%。外側的 5%（左側 2.5%，右側 2.5%），則是 $24\pm2\sigma$ 之外的機率。

混凝土工廠拌合的混凝土進行實驗時，不會正好 24N/mm²，而是左右分散。此分散越小表示品質越好。上述三家，以(1)的混凝土工廠品質最佳。

17
混凝土的強度

JASS 5所記的式子為$F \geqq F_m + 1.73\sigma$。如下圖所示，從中心（平均）F往左1.73σ的地方，從標準常態分布的表可以知道$F - 1.73\sigma$到F的面積是0.4582，從$F - 1.73\sigma$到左側的面積就是$0.5 - 0.4582 = 0.0418$，約4%。<u>$F - 1.73\sigma$作為F_m，F低於F_m的機率約為4%。表示不良率可以控制在4%</u>。標準差σ是使用混凝土工廠生產至今的實際資料累積而得的數值。

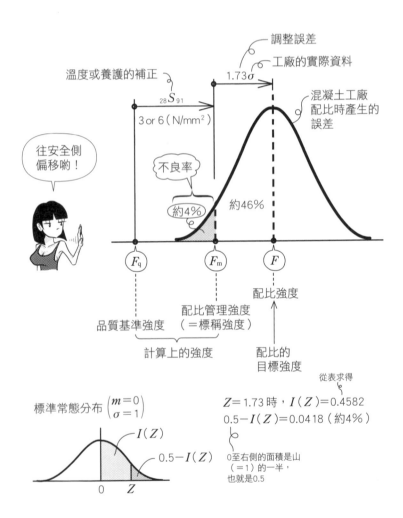

JASS 5中，除了$F \geqq F_m+1.73\sigma$之外，還有$F \geqq 0.85F_m+3\sigma$的式子。
配比強度F需要滿足這兩個條件。

$$\text{配比強度}F \begin{cases} F \geqq F_m+1.73\sigma \\ \text{且} \\ F \geqq 0.85F_m+3\sigma \end{cases}$$

下圖從中心（平均）到-3σ以下的機率幾乎是0。換言之，決定配比強度F時，不會低於F_m的85%。

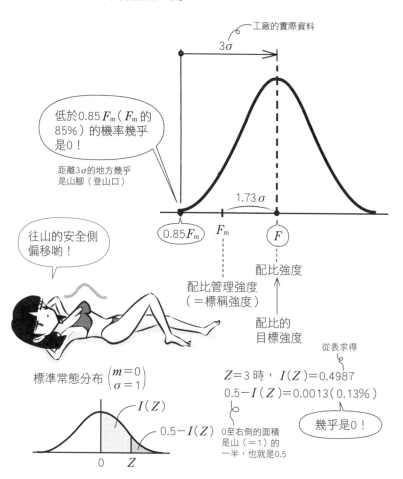

工廠的實際資料

3σ

低於$0.85\,F_m$（F_m的85%）的機率幾乎是0！

距離3σ的地方幾乎是山腳（登山口）

$1.73\,\sigma$

往山的安全側偏移喲！

$0.85\,F_m$　　F_m　　F

配比強度

配比管理強度（＝標稱強度）

配比的目標強度

標準常態分布$\begin{pmatrix} m=0 \\ \sigma=1 \end{pmatrix}$

$I(Z)$

$0.5-I(Z)$

0　Z

0至右側的面積是山（＝1）的一半，也就是0.5

從表求得

$Z=3$時，$I(Z)=0.4987$

$0.5-I(Z)=0.0013$（0.13%）

幾乎是0！

17

混凝土的強度

Q 標準差 σ 大的混凝土工廠，配比強度 F 大還是小？

▼

A 為了維持同樣的不良率，F 要大。

標準差大時，會形成較分散，幅度較寬、高度較低的分布情況。不良率同樣為 4% 時，從配比管理強度 F_m 往右 1.73σ 的位置設定為配比強度 F，σ 越大，配比強度 F 就要越往右偏移，表示 F 要較大。

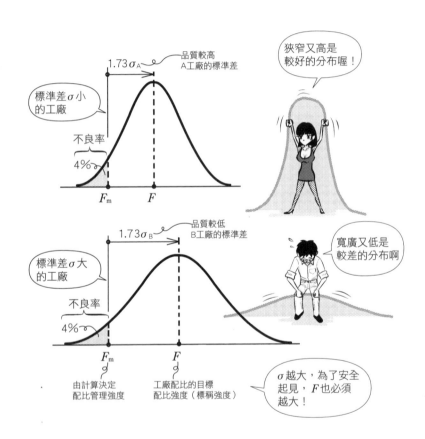

Q 變動係數是什麼？

▼

A 標準差是在除以平均值後，以百分比表示（$\sigma/m \times 100\%$）的係數。
變動則是表示對於平均的分散程度如何。

收集混凝土的抗壓強度和坍度等資料，幾乎都符合常態分布。分散
在目標值（平均值、中心值）四周，離目標值越遠則量越少，離目
標值越近則量越多，呈現山形、吊鐘形的分布。

17

混凝土的強度

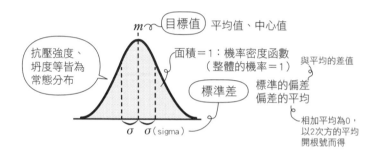

標準差σ是取分散（偏差）的平均，標準分散的數值。σ越大離目標
值越遠、分布越散，山形也會越低越廣。離目標值越遠，表示是<u>品
質較低的混凝土工廠，其常態分布的山形越低</u>。

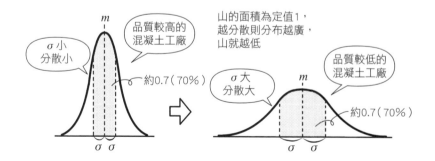

標準差 σ 相同，表示山的形狀相同，以下考量平均 m 不同的分布情況。<u>強度越高，對應的分散情形也越大</u>，但分散情況若相同，也就是相同 σ 下，m 越大，表示右邊的山形較優秀。

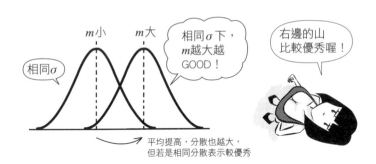

相同 σ 下，m 越大越 GOOD！

右邊的山比較優秀喔！

平均提高，分散也越大，但若是相同分散表示較優秀

舉個簡單的例子，考量如下店鋪的營業額。

A店 …月平均營業額 m＝1億　　　　σ＝200萬元　　σ/m＝0.02＝2%
B店 …月平均營業額 m＝400萬元　　σ＝200萬元　　σ/m＝0.5＝50%

相同 σ 下，$m \pm \sigma$ 之間約為70%
A店是表示每個月可能有1億元±200萬元＝9800萬元～1億200萬元
B店是表示每個月可能有400萬元±200萬元＝200萬元～600萬元

σ 相同的情況下，m 大的A店比較優秀，營業額的<u>分散、差距相對較低</u>。即A店的營業額差距比較小。
<u>對於平均 m 來說，標準差 σ 占了多少%</u>，是考量分散、差距的重要指標。$\sigma/m(\times 100\%)$ 的比，稱為變動係數。調整平均的數值，用以表示分散程度的係數，就是變動係數。

$$變動係數 = \frac{標準差\ \sigma}{平均\ m} \times 100\%$$

σ 占了 m 的多少比例的意思啊

Q 抗壓強度的 $\overline{X}$ 管制圖，超過±多少 σ 表示有異常？管制界線是±多少 σ ？

▼

A 超過± 2σ 表示有異常，± 3σ 的線就是管制界線。

拉出平均 m 與 $m\pm\sigma$、± 2σ、± 3σ 橫線的圖形，用以標註資料的，就是管制圖。資料 X 的平均為 $\overline{X}$ ，各平均值標註在其上就成為 $\overline{X}$ 管制圖。平均± 3σ 的線就是管制界線。超過± 2σ 的點表示有異常，要調查原因找出對策。

17

混凝土的強度

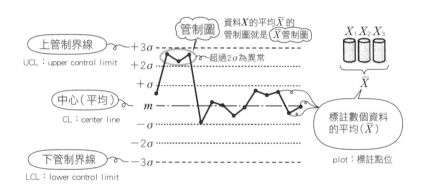

如下圖所示，資料會有趨勢。有超過管制界線的、偏向某側的，要特別注意。

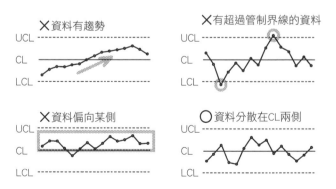

Q 預拌混凝土的品質管理,一般是用什麼管制圖?

▼

A 結合標註各平均的 $\overline{X}$ 管制圖,與標註實驗的多個資料範圍的 R 管制圖,使用 $\overline{X}$–R 管制圖。

■ $\overline{X}$ 管制圖如前項所述,是標註資料 X 的平均值 $\overline{X}$ 的管制圖。R 管制圖則是標註各實驗的資料範圍 R(range)的圖形。R 是用該次實驗的最大值-最小值所求得。兩個管制圖合在一起就是 $\overline{X}$–R 管制圖,可用來管理預拌混凝土的抗壓強度等。類似 $\overline{X}$ 管制圖的還有 X 管制圖。標註全部的資料 X,不過強度試驗是每次取 3 個的平均,因此常用的還是 $\overline{X}$ 管制圖。

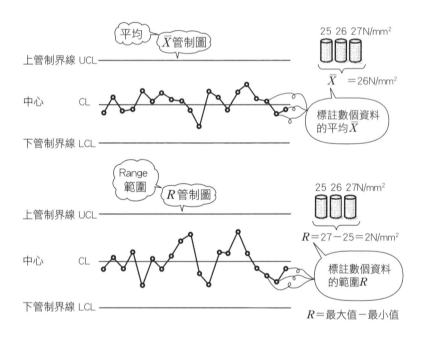

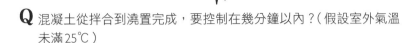

Q 混凝土從拌合到澆置完成，要控制在幾分鐘以內？（假設室外氣溫未滿25℃）

▼

A 120分鐘以內。

從拌合到澆置完成，氣溫未滿25℃為120分鐘以內，25℃以上則是90分鐘以內（JASS 5）。包含道路壅塞和現場待機的時間，要控制在2小時、1個半小時以內。混凝土在高溫下容易凝固，因此氣溫高時，要控制在較短時間內。

18

混凝土的澆置

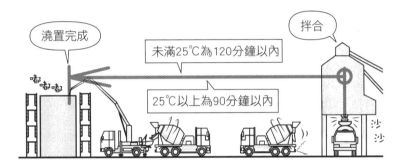

澆置完成

拌合

未滿25℃為120分鐘以內

25℃以上為90分鐘以內

沙沙

日光
未滿25℃

1個　　2個

·1·2·0分鐘

拌合車的輪胎數
從拌合到澆置

高溫會比較
早凝固喔！

從拌合車的輪胎數聯想到12。
拌合車後方的輪胎若為大型是
2個，小型是1個

Q 高強度混凝土從拌合到澆置完成，要控制在幾分鐘以內？

▼

A 不管室外氣溫是多少，高強度混凝土都要在120分鐘以內。

超過36N/mm²的高強度混凝土（參見R178），為了讓強度早點出現，水灰比要小，坍度就變小，流動較困難。此時要使用高性能AE減水劑，在水少的情況下，混凝土也可以有較大的坍度，流動較容易。使用高性能AE減水劑會讓凝固變困難，抑制運送中坍度降低（坍度損失）的可能性。因此，從拌合到澆置完成的時間，不管氣溫如何都是120分鐘以內（JASS 5）。

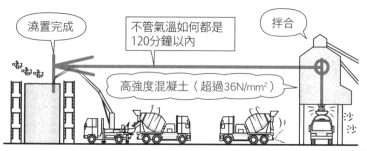

澆置完成

不管氣溫如何都是
120分鐘以內

拌合

嘰嘰嘰

高強度混凝土（超過36N/mm²）

沙沙

水分較少，坍度、坍流度隨著
時間推移的變化較少

日光
未滿25℃

⇨ 高強度的話
跟氣溫幾度沒關係

1個　　　2個

120分鐘

拌合車的輪胎數
從拌合到澆置

延遲
凝結

水少，使用
高性能AE減水劑

水多時強度
較低，乾燥
收縮的裂縫
較多

Q 同一個澆置工區，可以使用2間工廠製造的預拌混凝土嗎？

▼

A 無法區分品質責任，最好避免這種做法。

■ 從2間預拌混凝土廠運來的混凝土，若混在同一工區進行澆置，會產生品質責任不明確的情況。在完全區分開的另一個工區，以另一工廠的混凝土進行澆置，當品質發生問題時，才能明確知道是哪一間工廠的責任。

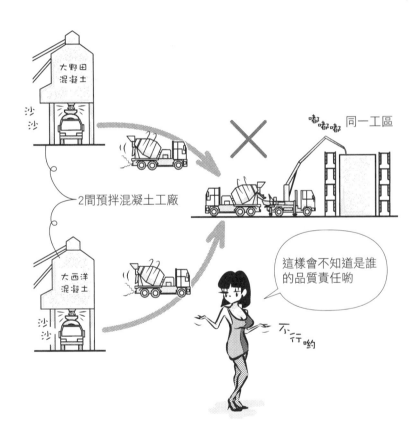

18

混凝土的澆置

Q 卸貨前的預拌混凝土，在運送車的滾筒中是什麼樣子？

▼

A 高速旋轉讓混凝土混合均勻，倒出時則要反向旋轉。

拌合車（攪拌車）的滾筒如下圖所示，設有螺旋狀的輪葉（blade）。為了避免預拌混凝土工廠拌合的混凝土產生凝固或分離等情況，從後方來看，滾筒以逆時針方向旋轉，邊攪拌邊運送。

倒出之前是逆時針高速旋轉，讓材料可以充分混合均勻。

倒出混凝土時則是讓滾筒順時針旋轉，利用阿基米得的螺旋原理送出混凝土。

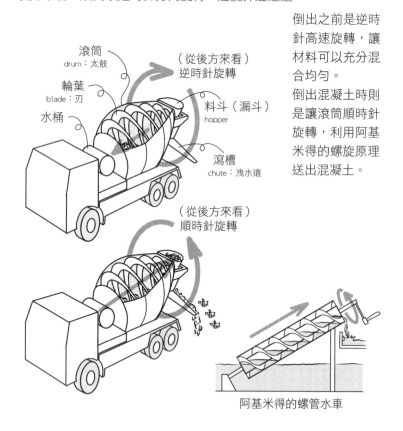

滾筒
drum：太鼓

輪葉
blade：刃

水桶

（從後方來看）逆時針旋轉

料斗（漏斗）
hopper

瀉槽
chute：洩水道

（從後方來看）順時針旋轉

嘟嘟嘟

阿基米得的螺管水車

- 拌合車有11t（儲存4.3~4.5m³）、4t（儲存1.5m³）等容量。
- mixer（拌合車）的mix是混合之意，agitator（攪拌車）的agitate是攪拌之意。

Q 進行寒季混凝土的澆置時，混凝土的溫度要在多少℃以上？

▼

A 5℃以上。

寒季混凝土的適用期間，是指從澆置開始10天之間的平均氣溫在4℃以下的情況（其他還有以91天之間的積算溫度為基準的方式）。水泥與水作用會因為水化反應而產生水化熱。由於水化熱會讓溫度上升，作為防止凍傷的對策，在取得監造人理解的情況下，澆置時的混凝土溫度下限值為5℃(JASS 5）。

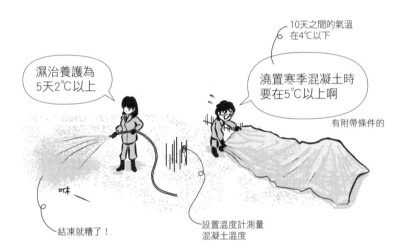

濕治養護為
5天2℃以上

10天之間的氣溫
在4℃以下

澆置寒季混凝土時
要在5℃以上啊

有附帶條件的

咻

結凍就糟了！

設置溫度計測量
混凝土溫度

18

混凝土的澆置

Q 若將寒季混凝土的拌合水和骨材加熱，其溫度要在多少℃以下？

▼

A 拌合水、骨材的溫度要在40℃以下。

若是加熱水泥，一部分會產生凝固，所以是加熱拌合前的水和骨材。加熱過頭會讓混凝土中的水泥凝固，因此要在40℃以下（JASS 5）。洗澡時的水溫也是40℃前後，就用這點記下來吧。

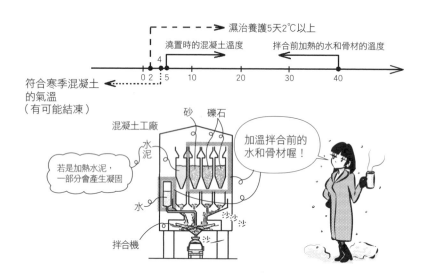

Q 暑季混凝土在卸貨時的混凝土溫度是多少℃以下？

▼

A 35℃以下。

混凝土溫度高，會加速水化反應，容易凝固、難以流動，很難均勻分布。很容易產生冷縫，從高溫降溫的體積變化也很大，容易出現乾燥裂縫。JASS 5中，日均溫超過25℃就是暑季混凝土，卸貨時的混凝土溫度要在35℃以下。

再熱也要
35℃以下啊

嗶 嗶

18

混凝土的澆置

Q 巨積混凝土在卸貨時的混凝土溫度是多少℃以下？

▼

A 35℃以下。

 巨積混凝土是斷面大、容易因水化熱而產生裂縫的混凝土。從拌合車卸貨時若為高溫，再加上水化熱，會讓膨脹收縮變大。因此，卸貨時的溫度與暑季混凝土相同，要在35℃以下（JASS 5）。

Q 利用混凝土泵浦壓送，粗骨材的最大尺寸在25mm以下時，輸送管的標稱尺寸是多少？

▼

A 100A以上。

為了避免粗骨材（礫石）堵塞混凝土的輸送管，可依下表以粗骨材的最大尺寸來決定管徑。<u>粗骨材的最大尺寸在25mm以下時，就是100A以上</u>（JASS 5）。100A是用以表示鋼管淨尺寸為100mm的記號。

對應粗骨材最大尺寸的輸送管標稱尺寸　　　　　（JASS 5）

粗骨材最大尺寸（mm）	輸送管標稱尺寸（mm）
20	100A以上
25	100A以上
40	125A以上

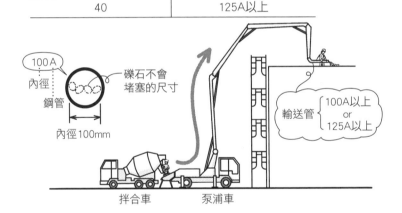

Q 若為輕質混凝土，輸送管的標稱尺寸是多少？

A 由於配管內容易阻塞，要125A以上。

輕質混凝土

輕質混凝土使用的輕質骨材是
人工粗骨材、人工細骨材，本
身氣泡較多，表面粗糙。因
此，容易吸水，坍度易下降，
較硬，流動性也較差。最糟的
情況是阻塞泵浦壓送的配管。
為了避免這種情況，<u>拌合前就
要先吸飽水</u>。

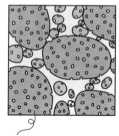

輕質骨材：氣泡較多，容易吸水

∴事先吸飽水，就不會再吸了

<u>水平換算距離</u>如下圖所示，將彎曲或向上的管路，以實際長度乘上
係數，換算成水平配管的長度。計算泵浦壓力負荷時會用到。

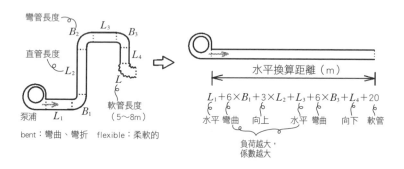

bent：彎曲、彎折 flexible：柔軟的

$$L_1 + 6 \times B_1 + 3 \times L_2 + L_3 + 6 \times B_3 + L_4 + 20$$

水平 彎曲 向上 水平 彎曲 向下 軟管

負荷越大，
係數越大

<u>輕質混凝土的壓送或長距離的壓送</u>，適合使用對泵浦的負荷較小、
管內阻塞可能性較低的<u>125A配管</u>。

● 水平換算距離常用在空調導管或給水管等，詳見拙著《圖解建築設備練習入門》。

Q 支撐混凝土輸送管的水平配管時，要注意什麼？

▼

A 不要讓模板、配筋、澆置的混凝土產生振動，使用緩衝材或支撐台
進行支撐。

■ 泵浦車有如右圖的<u>吊臂泵浦車</u>，
或如下圖的<u>配管用泵浦車</u>。有吊
臂就不需要使用配管，在高處也
能從上方旋轉壓送管，常用於中
小型工地。大型的工地要使用輸
送管進行配管。壓送時會有加壓
振動，因此要用支撐台或緩衝材
進行支撐，避免對建物造成不良
影響，而且要將配管牢牢固定，
以免滑動。

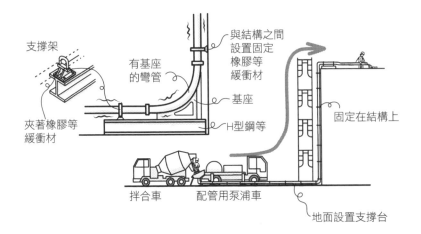

吊臂

拌合車　　吊臂泵浦車

boom：原意是撐帆的圓材，這裡指給油用的管

支撐架

有基座
的彎管

與結構之間
設置固定
橡膠等
緩衝材

基座

H型鋼等

夾著橡膠等
緩衝材

固定在結構上

拌合車　　配管用泵浦車

地面設置支撐台

18

混凝土的澆置

Q 輕質混凝土的泵浦壓送，要如何抑制坍度損失（坍度降低）？

　▼

A 先讓人工輕質骨材充分吸飽水分。

🟦 輕質骨材有很多孔洞，表面粗糙，與一般骨材相比更容易吸水。運
　送過程中坍度會下降，為了不阻塞輸送管，輕質骨材必須事先吸飽
　水分。

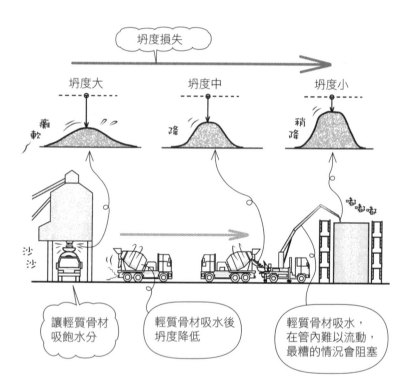

Q 壓送混凝土時，先行流出的水泥砂漿是富配比還是貧配比？可以澆置至模板內嗎？

▼

A 水較多的貧配比會對混凝土產生不良影響，因此先送水泥砂漿是以水泥較多的富配比為主。先送水泥砂漿是不能澆置到模板內的。

輸送管的內側會有混凝土殘留。若混凝土直接流過，會吸水使坍度下降，不易流動，產生礫石阻塞等。此時讓水泥較多的砂漿先行流過，可以提升水密性和潤滑性。這就是<u>先送水泥砂漿</u>。<u>品質不同的先送水泥砂漿，不能澆置到模板內。</u>

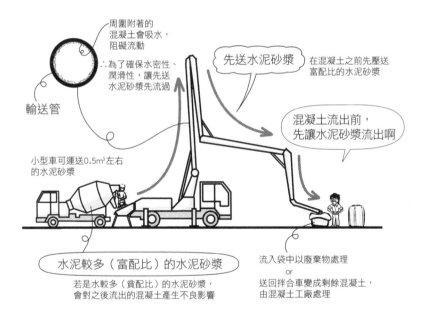

18
混凝土的澆置

* 水泥多稱為<u>富配比</u>，水多則為<u>貧配比</u>。
* 目前正在開發可以替代先送水泥砂漿的製品。

Q 坍度18cm左右的混凝土，澆置速度是多少？

▼

A 1小時20~30m³左右。

坍度18cm左右的混凝土，澆置速度大概是每輛泵浦車20~30m³/h（JASS 5解說）。此外，澆置速度是以能夠充分硬固為主。

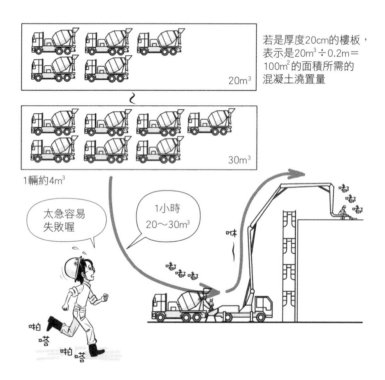

20m³

若是厚度20cm的樓板，表示是20m³÷0.2m＝100m²的面積所需的混凝土澆置量

30m³

1輛約4m³

太急容易失敗喔

1小時 20〜30m³

Q 澆置混凝土時，較高的柱或牆壁如何處理？

▼

A 如果是不會發生材料分離的高度，可以直接以自由落體的方式澆置。若高度超過4.5m，就要使用直立型瀉槽或壓送管，或者中間多設置一道澆置口等。

以自由落體方式澆置，必須是礫石不會先行落下產生材料分離的高度，這樣就可以直接澆置。4.5~5m以上的高柱或牆壁，要使用直立型瀉槽，或在中間設置澆置口。

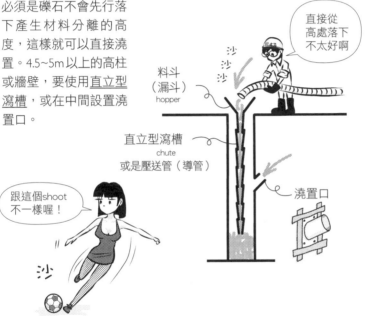

直接從高處落下不太好啊

料斗（漏斗）hopper

沙沙沙

直立型瀉槽 chute 或是壓送管（導管）

澆置口

跟這個shoot不一樣喔！

18

混凝土的澆置

梁柱接頭如右圖所示，有許多鋼筋交錯設置，要像填空一樣在空隙之間放入壓送管。

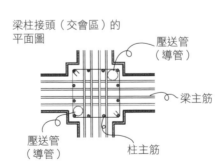

梁柱接頭（交會區）的平面圖

壓送管（導管）

梁主筋

壓送管（導管）

柱主筋

Q 澆置牆壁時，不改變壓送管位置，直接讓混凝土橫流，這種方式為什麼不好？

▼

A 這樣會造成材料分離或沉陷裂縫，所以不能橫流。澆置時要讓壓送管邊橫向移動邊進行夯實。

絕對不能讓混凝土橫流。從一處直接澆置，容易發生<u>材料分離</u>或<u>沉陷裂縫</u>。橫流若穿過柱子，柱的鋼筋會阻礙礫石流動，變成只有水泥砂漿通過，容易產生材料分離。基本上，澆置時必須<u>由上到下邊夯實</u>，邊把多餘的水分和空氣趕出來。

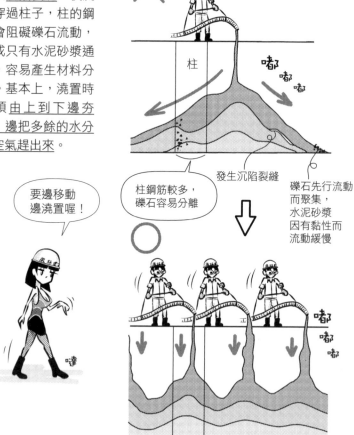

嫌麻煩就直接橫流…

柱

嘟 嘟 嘟

發生沉陷裂縫

柱鋼筋較多，礫石容易分離

礫石先行流動而聚集，水泥砂漿因有黏性而流動緩慢

要邊移動邊澆置喔！

嘟 嘟 嘟

Q 梁下方有柱或牆壁時，澆置混凝土要注意什麼？

▼

A 不要一口氣澆置完成，讓柱或牆壁的混凝土充分下沉之後再繼續澆置。

梁連著柱或牆壁一口氣澆置完成，混凝土下沉時會捲入空氣（拌入空氣），容易在混凝土內殘留空氣。此外，柱或牆壁的混凝土下沉時，與梁之間會產生空隙或裂縫。因此，先澆置到梁下方，確認混凝土下沉之後再往上澆置到梁上。

18

混凝土的澆置

Q 澆置懸臂板或懸臂梁的混凝土時，要注意什麼？

A 為了讓結構能夠一體化，支撐的結構體部分要一起澆置混凝土。

懸臂式的露台、屋簷、樓板、梁等，澆置時不要有接縫，要與支撐的本體一起澆置。懸臂端所承受的彎矩較大，沒有一體化的話容易產生彎折破壞。

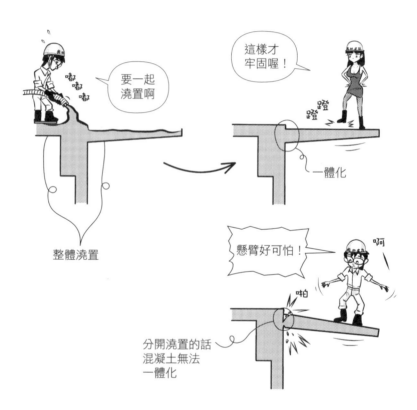

Q 澆置女兒牆的混凝土時，要注意什麼？

▼

A 盡量與支撐女兒牆的結構體連續澆置。若無法以這種方式進行，至少連續澆置至女兒牆的一半高度。

女兒牆的向上部分要與頂樓樓板連續澆置，使之一體化。向上部分是垂直方向的懸臂，在結構上必須一體成形。防水上也是以一體化為目標，但施工較困難。向上部分的內側模板是懸浮狀態（<u>懸浮模板</u>），向上部分較大時，必須分成兩階段澆置。

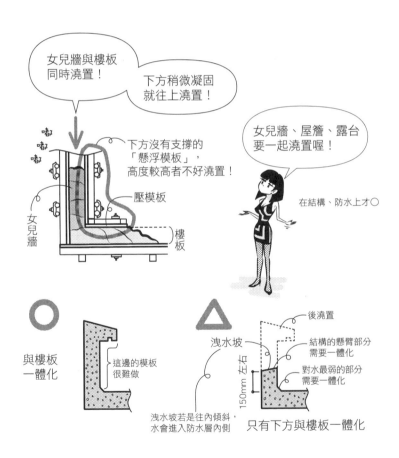

女兒牆與樓板同時澆置！

下方稍微凝固就往上澆置！

嘓 嘓 嘓

下方沒有支撐的「懸浮模板」，高度較高者不好澆置！

壓模板

女兒牆

樓板

女兒牆、屋簷、露台要一起澆置喔！

在結構、防水上才〇

○ 與樓板一體化

這邊的模板很難做

△ 洩水坡

150mm 左右

後澆置

結構的懸臂部分需要一體化

對水最弱的部分需要一體化

洩水坡若是往內傾斜，水會進入防水層內側

只有下方與樓板一體化

18

混凝土的澆置

Q 梁的垂直接縫要設置在哪裡？

▼

A 設置在剪力幾乎為0的梁中央附近。

混凝土對抗拉力和剪力的性質較弱。澆置梁或樓板時，接縫應在<u>剪力為0的跨距中央部位</u>，或是<u>彎矩為0、從兩端至跨距1/4的位置</u>。彎矩是以突出側為拉力。

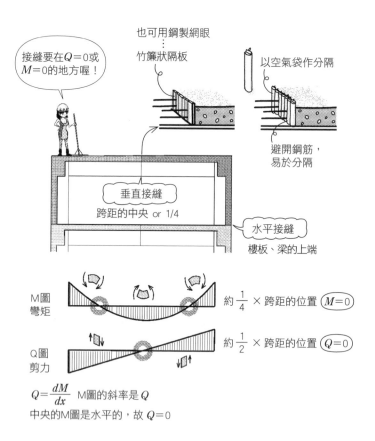

$Q = \dfrac{dM}{dx}$　M圖的斜率是 Q

中央的M圖是水平的，故 $Q=0$

Q 柱的水平接縫要設置在哪裡？

▼

A 一般是在樓板上端。

如下圖所示，樓板上會繼續澆置上層。因此，柱或牆壁的水平接縫位置會在樓板的上端。

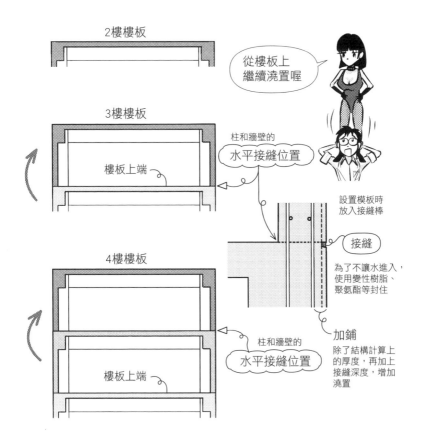

2樓樓板

從樓板上繼續澆置喔

3樓樓板

柱和牆壁的
水平接縫位置

樓板上端

設置模板時
放入接縫棒

接縫

為了不讓水進入，
使用變性樹脂、
聚氨酯等封住

4樓樓板

柱和牆壁的
水平接縫位置

樓板上端

加鋪

除了結構計算上
的厚度，再加上
接縫深度，增加
澆置

18

混凝土的澆置

Q 混凝土的澆置重疊時間，要在幾分鐘以內？

▼

A 室外氣溫未滿25℃要在150分鐘以內，25℃以上要在120分鐘以內。

混凝土澆置重疊時，若間隔時間太久，先澆置的混凝土會先凝固，兩者無法一體化。這樣很容易產生所謂的冷縫。因此，澆置重疊的時間，<u>未滿25℃要在150分鐘以內，25℃以上要在120分鐘以內</u>（JASS 5）。

凝固較早的炎熱時期，或是剛好遇到中午的午休時間等，澆置較高聳的牆壁很容易產生冷縫。

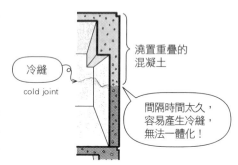

澆置重疊的混凝土

冷縫
cold joint

間隔時間太久，容易產生冷縫，無法一體化！

混凝土作業的承載荷重 ⋯⋯⋯⋯⋯ 1.5kN/m²
（作業荷重＋衝擊荷重）

結構體混凝土的強度檢查⋯⋯⋯⋯ 150m³為1次

澆置重疊的間隔時間⋯⋯⋯⋯⋯⋯ 150分鐘

Q 一個輸送管需要幾台以上的棒狀振動器？棒狀振動器的插入間隔要在多少cm以下？

▼

A 2台以上，插入間隔60cm以下。

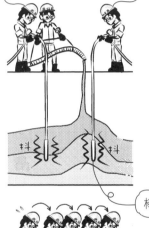

一個輸送管要有
2台以上的棒狀振動器

棒狀振動器

以60cm以下的
間隔放入啊

60cm 以下

為了避免材料分離，讓混凝土能夠進入模板的各個角落，需要插入棒狀振動器（vibrator）進行振動，使之液狀化。與砂質土壤的液狀化相同，只要加入振動，整體就會產生液狀化。在紙杯裡放入含水的砂，在杯子四周輕敲，水就會浮上來，這就是液狀化的現象。坍度小、較硬的混凝土，也是透過這樣的振動讓流動更順暢。一個輸送管需要配置2台以上的棒狀振動器（共説）。

棒狀振動器的插入間隔為60cm以下（JASS 5）。

18

混凝土的澆置

Q 如何判斷棒狀振動器的加振時間？此外，如何拔出比較好？

▼

A 加振時間至混凝土表面有水泥漿體浮上來為止。拔出時，避免在混凝土上留下孔洞，緩慢地進行。

使用棒狀振動器時，原本軟爛的混凝土會產生液狀化而容易流動。振動讓多餘的空氣和水分向上浮出，骨材堆積的地方會有水泥漿體流過去填充，讓整體變成均質且高密度的狀態。因此，<u>加振要到水泥漿體浮上表面為止</u>。若繼續加振，礫石會往下、水往上，產生分離。<u>拔出時要緩慢</u>，避免在混凝土上留下孔洞。

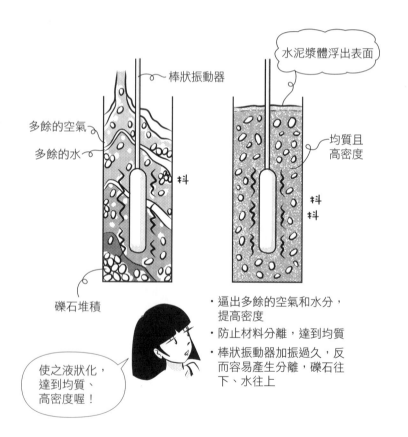

水泥漿體浮出表面

棒狀振動器

多餘的空氣

多餘的水

均質且高密度

抖

抖抖

礫石堆積

・逼出多餘的空氣和水分，提高密度

・防止材料分離，達到均質

・棒狀振動器加振過久，反而容易產生分離，礫石往下、水往上

使之液狀化，達到均質、高密度喔！

Q 棒狀振動器的加振時間，一個地方大概是幾秒左右？

▼

A 一個地方5~15秒左右。加振60秒就會產生材料分離。

棒狀振動器的加振時間為<u>一個地方5~15秒</u>（JASS 5）。棒狀振動器作用10秒左右就可以逼出多餘的空氣和水分，使材料均質化且提高密度。若再加振會讓液狀化持續進行，礫石下沉、水往上浮，反而產生材料分離。

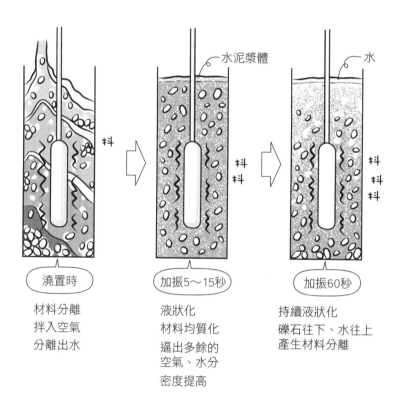

水泥漿體 水

澆置時	加振5～15秒	加振60秒
材料分離 拌入空氣 分離出水	液狀化 材料均質化 逼出多餘的 空氣、水分 密度提高	持續液狀化 礫石往下、水往上 產生材料分離

18

混凝土的澆置

• entrap：落入陷阱、捕捉。<u>拌入空氣</u>（entrapped air）是落入trap（陷阱）的空氣，即澆置時捲入的空氣。<u>裹入空氣</u>（entrained air）則是train（列車）裝載的空氣，指AE劑等從一開始就有計畫加入微小氣泡的空氣。

Q 棒狀振動器的前端,為什麼也要進入先行澆置的混凝土內?

▼

A 插入先行澆置的混凝土層內,以便與上層一體化。

牆壁不是一口氣澆置完成,而是繞著房間周圍,慢慢往上澆置。此時會有澆置重疊的情況(旋繞澆置)。與已經開始凝固的下層重疊時,很容易產生冷縫。這時可將棒狀振動器插入下層,再度使之液狀化,就可以與上層一體化。但有時即使已經加振,拆開模板還是可能令人失望地看到各處出現冷縫。高聳的牆壁要特別注意。

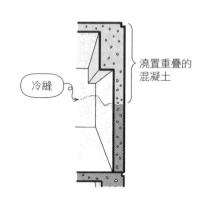

澆置重疊的混凝土

冷縫

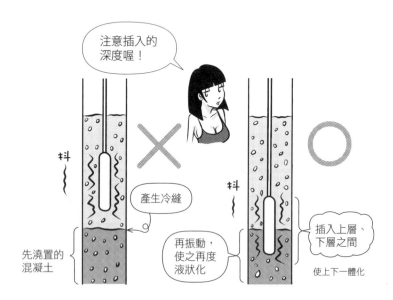

注意插入的深度喔!

抖

產生冷縫

先澆置的混凝土

再振動,使之再度液狀化

插入上層、下層之間

使上下一體化

Q 棒狀振動器的再振動可能時間與澆置重疊時間的關係是什麼？

▼

A 再振動可能時間與澆置重疊時間一樣，都是150分鐘以內（未滿25℃）、120分鐘以內（25℃以上）。

澆置重疊時間間隔的150分鐘以內、120分鐘以內，就是棒狀振動器的再振動可能時間。超過這個時間，之前澆置的混凝土就開始凝固，無法放置棒狀振動器；即使可以放入，振動效果也不佳。

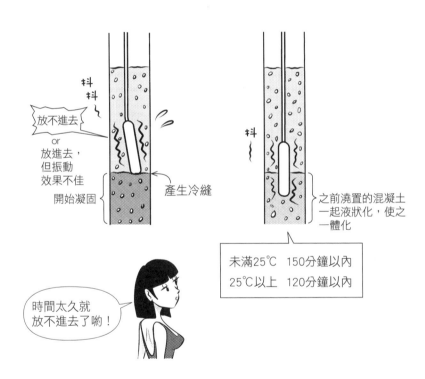

18

混凝土的澆置

Q 搗實混凝土的工具除了棒狀振動器之外，還有哪些？

A 模板振動器、搗棒、木槌等。

搗實是為了逼出多餘的空氣和水分，提高混凝土密度，防止材料分離，讓混凝土可以填充在模板的各個角落。除了棒狀振動器，還可以使用設置在模板上的模板振動器，或是搗棒、木槌等。

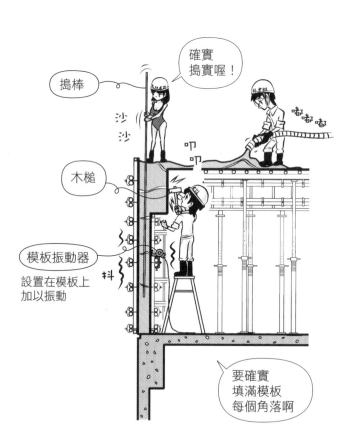

搗棒

木槌

模板振動器
設置在模板上
加以振動

確實
搗實喔！

要確實
填滿模板
每個角落啊

Q 澆置時發生間隔物脫落，發現保護層厚度不足的地方，如何處理？

▼

A 中斷作業，進行鋼筋位置等的修正。

混凝土澆置時的壓力、棒狀振動器等作業的振動，或是棒狀振動器直接敲擊等，都可能造成間隔物、鋼筋、模板產生位移或分離。此時要中斷作業，進行修正。插入棒狀振動器或搗棒時，要注意不要碰到間隔物、鋼筋、模板。木槌則是不要敲打沒有混凝土的地方，注意聽混凝土流動的聲音，並與樓板上的作業人員保持聯繫。

18

混凝土的澆置

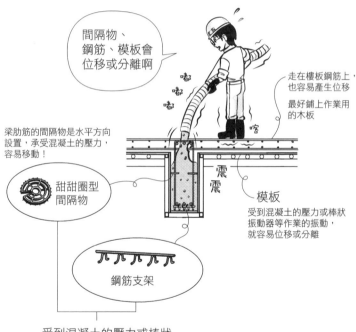

Q 樓板澆置後要做什麼？此外，應該在凝結之前還是之後進行夯實？
▼

A 澆置後要進行抹平。此外，夯實要在凝結之前進行，逼出多餘的空氣和水分。

混凝土澆置後，要抹平混凝土使之平整，硬固（凝結）開始之前要在混凝土表面進行夯實。凝結之後才做，無法逼出混凝土內部多餘的空氣和水分，容易產生泌水（礫石下沉、水上浮）及裂縫等情況。因此，夯實要在凝結之前進行。

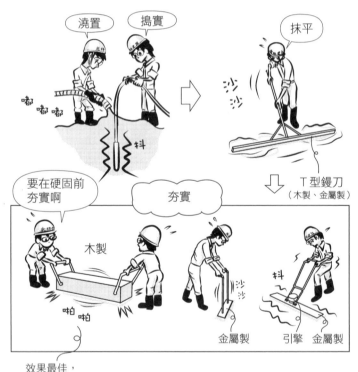

澆置　搗實　抹平

嘟 嘟 嘟　抖　沙沙

Ｔ型鏝刀
（木製、金屬製）

要在硬固前夯實啊　夯實

木製

啪 啪

沙沙　抖

金屬製　引擎　金屬製

效果最佳，
但太重了不常使用

• 雖然用「澆置」混凝土一說，實際上比較像是「流動」，若不進行夯實很容易產生裂縫。

Q 樓板澆置進行夯實後，接下來要做什麼？

▼

A 用規尺或金屬鏝刀等使表面平滑均勻。

🔲 用腳踩、抹平機敲擊等夯實之後，要使用規尺或金屬鏝刀使之平整均勻。

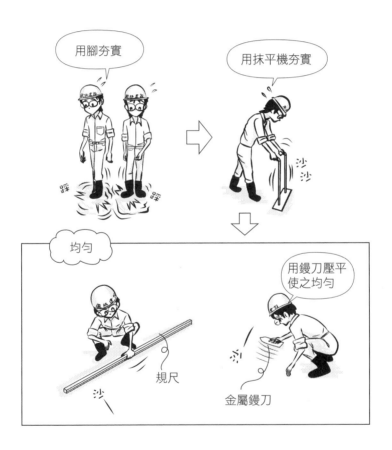

- 夯實與否決定了混凝土最後的品質。金屬鏝刀的作用不是只有「均勻」，還包含「壓」所產生的壓力，提高密度。混凝土澆置從早上、牆壁下開始，至樓板到傍晚，作業匆忙。有時晚上還需要利用燈光進行鏝刀壓平作業，絲毫馬虎不得。

即使是配比條件相同的混凝土，根據有無進行填充、搗實、夯實，
結果迥異。除了 28 天後的強度、密度大小之外，還會影響數年、
數十年之後的裂縫或中性化。製作試體時，是否有用搗實棒搗實，
會明顯反映在結果上。日本明治時期的混凝土都有確實「搗實」，
現在則是接近「流體」，搗實、夯實不夠確實，經常容易產生裂縫。

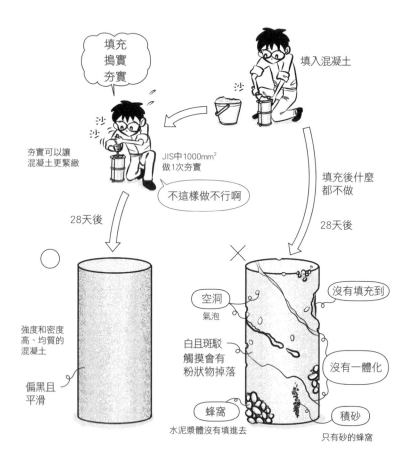

- 除了搗實、夯實，濕治養護也與強度密切相關。試體放在保持 20±3℃的水中，
  就是理想的養護（標準養護）狀態。

Q 澆置後產生沉陷裂縫時,如何處理?

▼

A 趕快利用夯實讓裂縫消失。

水往上滲出、骨材往下陷的<u>泌水現象</u>,在澆置後就開始發生,會如下圖產生<u>沉陷裂縫</u>。開始凝固前,為了避免泌水現象,可以利用夯實讓裂縫消失,並將堆積在鋼筋或者礫石下的水或空氣逼出來。沉陷裂縫是隨著泌水越多而越大,水灰比小、較硬的混凝土也容易產生。<u>較硬的混凝土更要確實填充、搗實、夯實,給予充分的濕治養護</u>,這是製作優質混凝土的訣竅。

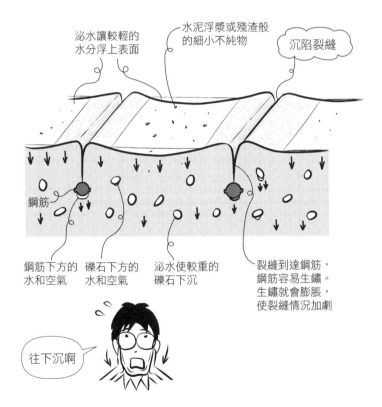

泌水讓較輕的水分浮上表面

水泥浮漿或殘渣般的細小不純物

沉陷裂縫

鋼筋

鋼筋下方的水和空氣

礫石下方的水和空氣

泌水使較重的礫石下沉

裂縫到達鋼筋,鋼筋容易生鏽。生鏽就會膨脹,使裂縫情況加劇

往下沉啊

bleed:(血液等)液體流出
　　　blood的動詞
　　　表示有水滲出的意思

18

混凝土的澆置

Q 澆置後產生塑性收縮裂縫時，如何處理？

▼

A 趕快利用夯實讓裂縫消失。

 剛澆置的混凝土還很柔軟，可以隨意變形，處於塑性（plastic：具有可塑性）狀態。澆置後由於水分急速蒸發產生收縮，形成淺又細微的裂縫，稱為<u>塑性收縮裂縫</u>。這是乾燥收縮裂縫的一種，不是幾年後產生的大裂縫，而是澆置後馬上產生的細微裂縫。只要在<u>凝固開始前趕快進行夯實</u>，就可以防止塑性收縮裂縫。塑性收縮裂縫特別容易發生在急速乾燥的炎熱時期。

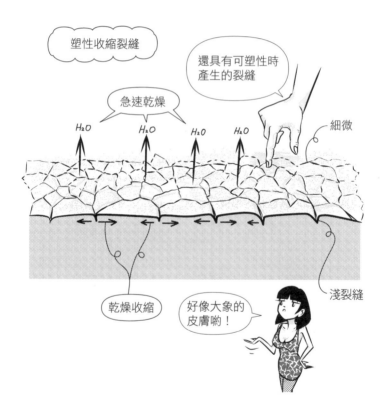

Q 如下圖的龜殼狀、地圖狀裂縫,是什麼原因造成的?

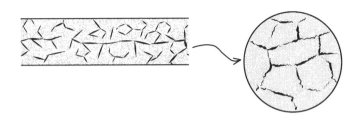

A 鹼骨材反應造成的。

🔲 矽酸鈉吸水後產生鹼骨材反應造成的裂縫,如題目所示會呈現龜殼狀、地圖狀。以吸水膨脹的骨材為起點,往四周形成放射狀的裂縫。

龜殼圖案　　　　　　地圖狀圖案

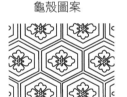 

● 矽酸鈉:溶於水後會析出氫氧離子OH^-的物質為鹼,鹼性與矽酸(SiO_2)反應生成的物質就是矽酸鈉(Na_2SiO_3)。

Q 在鹼性反應試驗中判定為非無害的骨材，在什麼條件下是可以使用的？

▼

A 混凝土中的含鹼量在3kg/m³以下就可以使用。

溶於水之後會析出氫氧離子（OH⁻）的物質為<u>鹼</u>。Na（鈉）、K（鉀）、Ca（鈣）、Mg（鎂）等都是鹼。氫氧離子所具有的性質就是<u>鹼性</u>。水泥中的鹼與骨材中的矽酸（SiO₂等）反應，生成吸水性的矽酸鈉（Na₂SiO₃等）。這就是<u>鹼性反應、鹼骨材反應</u>。<u>矽酸鈉吸水會膨脹</u>，破壞混凝土。在鹼性反應試驗中判定為無害的骨材是最佳的，但就算判定為非無害的骨材，只要<u>混凝土的含鹼量在3kg/m³以下就可以使用</u>。

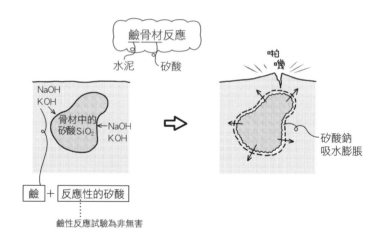

• 週期表最左邊的Na、K為鹼金屬，第二列的Ca、Mg為鹼土金屬。

Q 為了抑制鹼骨材反應，可以使用哪種水泥？

▼

A 含鹼量少的高爐水泥B種和C種、飛灰水泥B種和C種等混合水泥。

具代表性的鹼骨材反應的原因是①反應性骨材、②含鹼量高。①的對策是不要使用反應性的骨材，②的對策是使用含鹼量少的水泥。使用普通波特蘭水泥時，每1m³混凝土中的含鹼量（以Na₂O換算）在3kg以下；或使用含鹼量少，水化時會消耗鹼的混合水泥。

> **Point**
>
> 鹼骨材反應
>
> 　原因　　　　　　　　　　對策
>
> ① 反應性骨材 ⟶ 不要使用反應性骨材
>
> ② 含鹼量高 ⟶ ⎰ 混凝土中的含鹼量在3kg/m³以下
> 　　　　　　　⎱ 使用混合水泥B種、C種

18

混凝土的澆置

混合水泥與普通波特蘭水泥的混合量，依序為A種<B種<C種。對鹼骨材反應較有效果的是B種、C種。

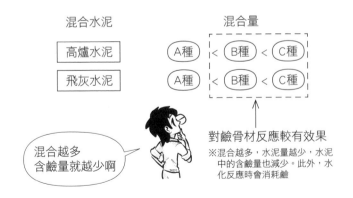

對鹼骨材反應較有效果

※混合越多，水泥量越少，水泥中的含鹼量也減少。此外，水化反應時會消耗鹼

混合越多
含鹼量就越少啊

混凝土的弱點為抗拉強度與抗壓強度相比只有1/10，受拉時很容易產生裂縫。下面彙整裂縫的種類。

收縮

乾燥收縮裂縫

水蒸發而收縮最多的裂縫類型

（對策）
· 減少單位水量
· 水灰比小、較硬的混凝土要確實搗實、夯實，給予充分的濕治養護，形成緻密的組織
· 骨材使用石灰岩的碎石
· 使用收縮低減劑、膨脹材

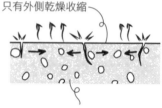

只有外側乾燥收縮

內側無收縮受拘束

塑性收縮裂縫

乾燥收縮裂縫的一種表面水的蒸發收縮

（對策）
· 馬上夯實使之均勻
· 避免直射陽光

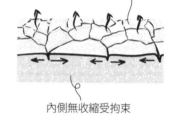

具有可塑性的狀態

內側無收縮受拘束

自體收縮裂縫

水泥因水化而收縮

（對策）
· 減少單位水泥量

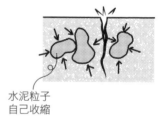

水泥粒子
自己收縮

溫差裂縫

因溫度而膨脹收縮

（對策）
· 減少單位水泥量
· 使用低熱性水泥
· 避免只有表面降溫的保溫養護

外側冷卻收縮

內側維持膨脹

水化熱

鋼筋生鏽造成裂縫

中性化造成生鏽後膨脹

（對策）
・確實留好保護層厚度
・表面進行CO_2難以進入的加工裝飾

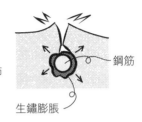

鋼筋

生鏽膨脹

膨脹

結凍溶解造成裂縫

結凍的水會膨脹，溶解後收縮

（對策）
・以具有隔熱性的塑膠布等覆蓋，進行保溫養護
・包圍建物整體，利用探照燈等加溫
・使用緻密的混凝土，讓水無法滲入

水結凍後膨脹

18

混凝土的澆置

鹼骨材反應造成裂縫

矽酸鈉吸水膨脹

（對策）
・混凝土的含鹼量抑制在3kg/m³以下

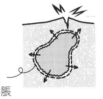

矽酸鈉
吸水膨脹

沉陷

沉陷裂縫

重力造成沉陷

（對策）
・馬上夯實使之均勻

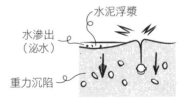

水泥浮漿

水滲出
（泌水）

重力沉陷

Q 下圖中，哪一個是乾燥收縮裂縫？

1.
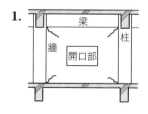

2.
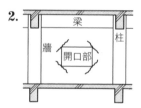

3.
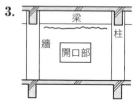

4.
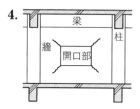

A 從窗戶角落對角方向裂開的圖4是乾燥收縮裂縫。

相同收縮率進行收縮的情況下，距離長的地方會有較大的收縮。柱、梁、樓板會限制變形，窗戶本身不會變形。窗戶的角落是限制最少的部分，抵抗變形相對較弱，成為裂縫的起點。因此，從窗戶角落的對角方向最容易產生裂縫。

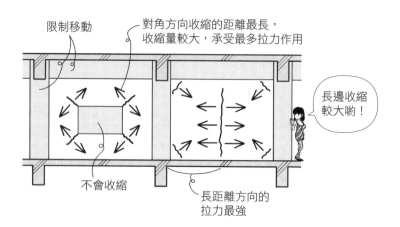

Q 如下圖形的裂縫原因是什麼？（水平荷重的情況下）

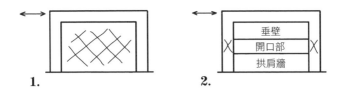

1.　　　　2.

A 兩者都是水平荷重造成的剪力裂縫。

使四邊形位移成平行四邊形的力量，稱為<u>剪力</u>。結構的裂縫用如下圖較誇大的變形來表示，比較容易理解。平行四邊形的長邊往對角線方向延伸，延伸方向受到拉力作用，與拉力垂直的方向就會出現裂縫。地震的水平力是左右搖晃，<u>因此裂縫形狀為交叉形（×）</u>。

18

混凝土的澆置

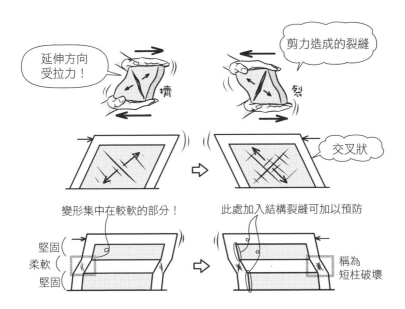

• 筆者負責的裝潢工程中，曾有 RC 牆塗裝完成當晚發生地震的經驗。隔天一早一看，發現有很大的交叉狀裂縫，趕緊重新修補塗裝。

Q 如下圖的力作用下，梁柱接頭（交會區）會產生什麼樣的裂縫？

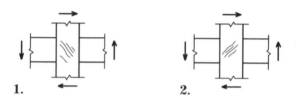

A 與柱的剪力裂縫反方向，會產生如圖**2**的裂縫。

構架左方受到水平力作用，柱往右傾倒。將柱梁變形成較誇張的平行四邊形來看，就可以知道柱梁的裂縫。然而，梁柱接頭（交會區）是柱的兩側有梁壓住的特殊部位。力作用的方向與變形在該處會不太一樣。

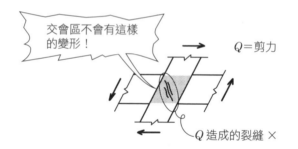

為了抑制梁往右傾倒變形的壓力，交會區的柱會有相反方向的 Q 作用。如果很難了解變形的概念，如下圖右所示，想像成鋼筋的拉力作用比較容易理解。

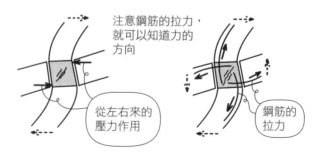

Q 如下圖的力作用下，裂縫形式是正確的嗎？

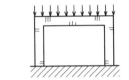

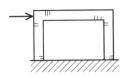

1. 垂直荷重造成柱和梁的
　　彎曲裂縫

2. 水平荷重造成柱和梁的
　　彎曲裂縫

A **1.** 正確，**2.** 錯誤。

🔲 彎矩 M 作用下，以突出側為拉力、凹陷側為壓力。混凝土的抗拉強
　度只有抗壓強度的 1/10，馬上就會裂開。M 圖以突出側為變形側，
　在 M 圖側會產生與構材呈垂直方向的裂縫。

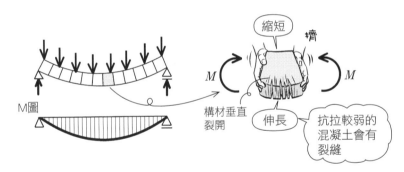

門型框架的 M 圖和變形如下圖所示，M 圖的突出側，也就是變形
側，會產生與構材呈直角的裂縫。這個 M 圖較困難，請好好記下。

本節彙整剪力、彎曲造成的裂縫。剪力會變形成平行四邊形，往對角方向受拉；彎曲會變形成扇形，往突出側受拉。另外，也有與乾燥收縮裂縫等合成的情況。

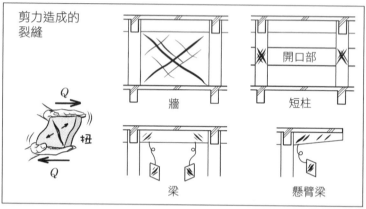

剪力造成的裂縫

牆　　　短柱　　　開口部

梁　　　懸臂梁

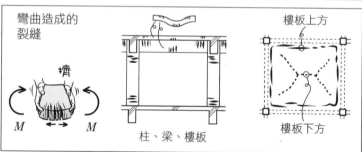

彎曲造成的裂縫

柱、梁、樓板　　　樓板上方　　　樓板下方

Q 非承重牆設置裂縫誘發縫（誘導縫），是為了讓牆壁的混凝土或鋼筋達到什麼效果？

▼

A 在牆壁內部製作混凝土的缺陷部分，或切斷1根壁橫筋，是為了讓裂縫集中在一起。

撕紙的時候，若是事先做出撕斷線，就可以很漂亮地撕開。

混凝土牆面也一樣，事先製作裂縫誘發縫，加上封口。因拉力開裂時，裂縫就會集中在誘發縫處。

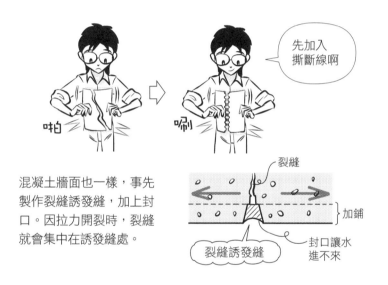

如下圖左所示，可以在裂縫牆體放置有孔洞的鋼板，或是如下圖右在橫筋做部分的切斷，形成結構上的弱點，達到誘發裂縫的效果。

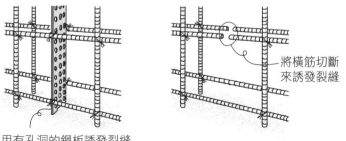

將橫筋切斷來誘發裂縫

用有孔洞的鋼板誘發裂縫

Q 裂縫誘發縫所包圍的面積要在多少 m² 以下？此外，邊長比要在多少以下？

▼

A 面積在 25m² 以下，邊長比在 1.25 以下。

 柱、梁、誘發縫所包圍的一面牆的面積要在 <u>25m² 以下</u>，除非一面牆的面積過小；<u>邊長比是以 1.25 以下</u>為原則。
若牆壁寬廣又長，收縮也會較大，容易產生裂縫。

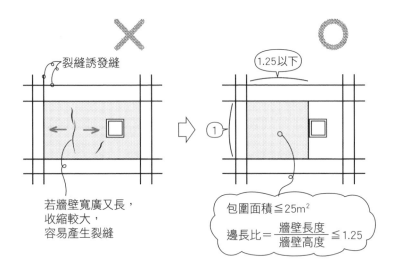

包圍面積 ≦ 25m²

$$邊長比 = \frac{牆壁長度}{牆壁高度} ≦ 1.25$$

裂縫誘發縫

若牆壁寬廣又長，收縮較大，容易產生裂縫

1.25以下

• 邊長比一般是指長邊的長度/短邊的長度。

Q 樓板澆置後，多久之後才能在樓板上進行墨線標記作業？

▼

A 24小時之後。

澆置後混凝土不會馬上出現強度，受到振動、外力時，都可能產生裂縫。即使急著做墨線標記，也要過24小時之後再進行。

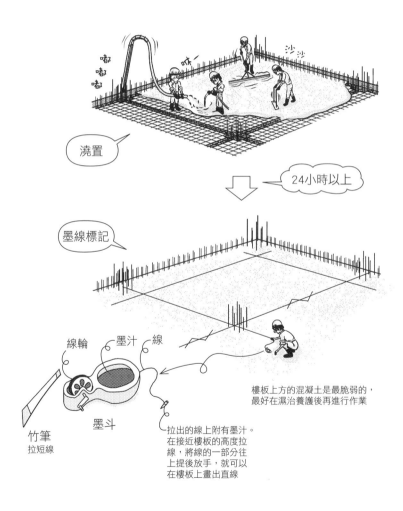

澆置

24小時以上

墨線標記

線輪　墨汁　線

竹筆
拉短線

墨斗

樓板上方的混凝土是最脆弱的，最好在濕治養護後再進行作業

拉出的線上附有墨汁。
在接近樓板的高度拉
線，將線的一部分往
上提後放手，就可以
在樓板上畫出直線

18

混凝土的澆置

Q 混凝土的接縫面在澆置新的混凝土之前，需要做什麼處理？

▼

A 高壓洗淨，除去水泥浮漿或脆弱的混凝土。

🔲 樓板上方的混凝土會因為<u>泌水</u>而有較多水分，還有與水一起懸浮的細微不純物（<u>水泥浮漿</u>）。此外，水較多時，混凝土的強度、密度較低，成為脆弱的混凝土。因此，凝固至某個程度後，先進行高壓洗淨，以鋼絲刷掃過，除去表面的水泥浮漿或較脆弱的混凝土。場鑄混凝土樁將樁頭打毛，也是同樣的意思。

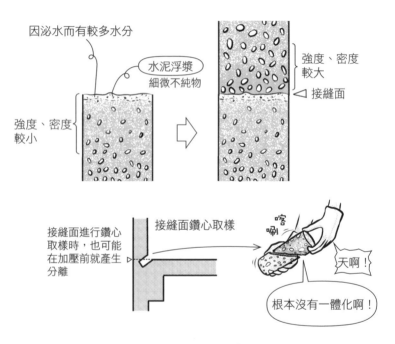

laitance：lait是法文「乳」之意。laitance是指水泥表面的乳白色表層、乳皮。混凝土中的微粒子、微粉末，就像殘渣一樣與泌水的水分一起懸浮在表面

Q 混凝土接縫面應該乾燥還是濕潤？

▼

A 接縫面不能阻礙水泥的水化反應，因此不能乾燥，要保持濕潤。

除去接縫面的水泥浮漿或脆弱的混凝土之後，樓板上方要灑水或覆蓋草蓆等進行濕治養護。上方組合鋼筋、模板之後，灑水後的模板就不會吸走混凝土的水分。接縫面也要濕潤之後再澆置。若是乾燥，會吸走混凝土的水分，使混凝土表面的強度下降，而且容易產生氣泡。

高壓洗淨

高壓水會吹走水泥浮漿和脆弱的混凝土喲！

鋼絲刷

利用鋼絲刷打毛啊

濕治養護

表面要保持濕潤啊

空氣養護的強度不高

澆置前要灑水喔

上方進行鋼筋、模板的組立

灑水

不要讓模板把水分吸走

接縫面也要灑水，避免吸走混凝土的水分及產生氣泡

- 若灑水之後還有水分殘留，要把水去除。混凝土與水混合，水灰比會下降，強度也會降低。

18

混凝土的澆置

Q 混凝土澆置後，混凝土表面要做什麼處理？

▼

A 灑水、覆蓋草蓆或養護墊，進行濕治養護。

混凝土隨著澆置和養護方式不同，會產生不同強度。下圖為試體長時間進行水中養護，強度持續提高。實際的建物在樓板上蓄積水的蓄水養護，最接近水中養護方式。灑水、覆蓋草蓆或墊子等的濕治養護，次於蓄水養護。拆除襯板後，牆壁或柱面就變成空氣養護。襯板可以越晚拆越好，或是拆掉後在表面貼上塑膠膜，形成防止水分蒸發的效果。確實進行搗實、夯實，讓混凝土表面密實，也可以防止水分蒸發。水泥緻密的水合組織會成為玻璃質地，硬化後可以防止水或二氧化碳滲入。

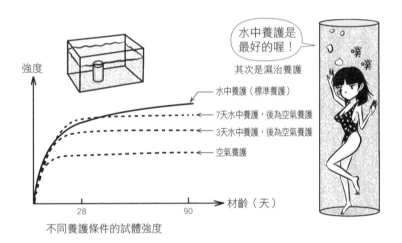

強度

水中養護是最好的喔！

其次是濕治養護

噗噗

水中養護（標準養護）
7天水中養護，後為空氣養護
3天水中養護，後為空氣養護
空氣養護

材齡（天）

28   90

不同養護條件的試體強度

● 蓄水養護也稱為灌水養護。

Q 灑水或使用液膜養護劑的濕治養護，要在何時進行？

▼

A 灑水的養護要在混凝土凝結之後進行，液膜養護劑的養護則是在泌水結束之後進行。

凝結是指從液體變成固體（正確說法為凝固）。從固體變成液體則是溶解。混凝土經過24小時的硬固、凝結之後，就可以在上方進行墨線標記。之後強度也會慢慢提高。上述所謂的凝結，是指澆置之後，用手指摳也不會留下痕跡的時間點。硬固到這個程度後，馬上灑水，覆蓋塑膠布或浸濕的草蓆進行濕治養護。

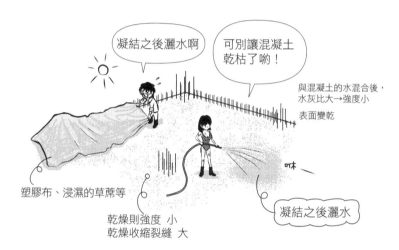

凝結之後灑水啊

可別讓混凝土乾枯了喲！

與混凝土的水混合後，水灰比大→強度小

表面變乾

塑膠布、浸濕的草蓆等

乾燥則強度　小
乾燥收縮裂縫　大

凝結之後灑水

液膜養護劑是在泌水結束後、水分消失的時間點進行潑灑。以高分子有機化合物（聚合物）作為覆蓋膜，可以抑制水分蒸發。

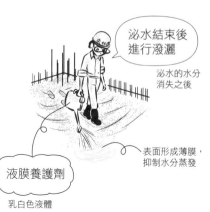

泌水結束後進行潑灑

泌水的水分消失之後

表面形成薄膜，抑制水分蒸發

液膜養護劑

乳白色液體

19

混凝土的養護

Q 天氣好的時候，如何防止澆置後急速乾燥產生的裂縫？

▼

A 潑灑液膜養護劑的護膜養護可以有效防止。

水灰比大的混凝土，在天氣好、炎熱或強風的日子澆置，容易因急速的乾燥而產生裂縫。即使覆蓋塑膠布，因尚未硬固，表面仍會有些乾燥。此時可在泌水結束之後，於混凝土的表面灑上<u>液膜養護劑</u>。高分子有機化合物（聚合物）的薄膜，可以抑制水分蒸發，防止裂縫產生。此外，這樣可封住濕氣，達到濕治養護的效果。

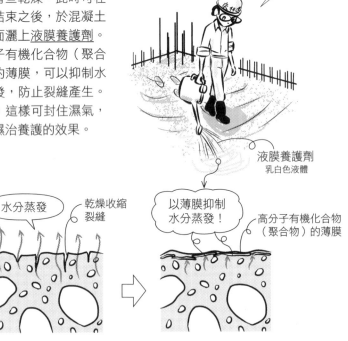

可以有效因應澆置後的裂縫啊

液膜養護劑
乳白色液體

水分蒸發　　乾燥收縮裂縫

以薄膜抑制水分蒸發！

高分子有機化合物（聚合物）的薄膜

水灰比大的混凝土，在炎熱時因水分急速乾燥，容易產生裂縫

硬固前（凝結前）在混凝土表面灑上液膜養護劑

Q 澆置後的混凝土以透水性小的襯板保護，也算是濕治養護嗎？

A 是的。襯板可以防止乾燥，也算是濕治養護。

塗裝聚氨酯的混凝土合板或透水性較小的襯板等，濕氣不易跑掉，內部的混凝土為濕治養護狀態。接近試體用塑膠布等包住的<u>密封養護</u>。除去襯板之後，將表面用塑膠布蓋住，讓濕氣不易跑掉，效果也不錯。工程按部就班，不要太早拆掉襯板，有利於提高強度、密度、耐久性。

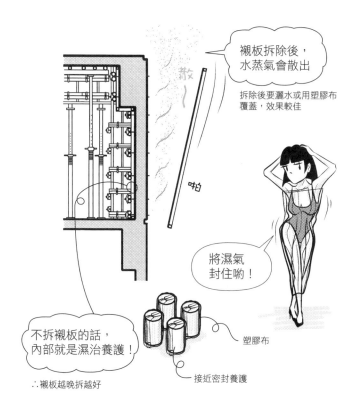

襯板拆除後，水蒸氣會散出

拆除後要灑水或用塑膠布覆蓋，效果較佳

散～

啪

將濕氣封住喲！

塑膠布

不拆襯板的話，內部就是濕治養護！

接近密封養護

∴襯板越晚拆越好

19

混凝土的養護

Q 寒季混凝土、暑季混凝土如何進行養護？

▼

A 寒季混凝土要以加熱養護，再加上灑水等濕治養護。暑季混凝土則
是在泌水結束的時間點，盡快以液膜養護劑或水噴霧進行濕治養
護。

寒季混凝土要用臨時棚架圍住，以加熱器保持溫度，進行<u>加熱養</u>
<u>護</u>。混凝土的水如果結凍，無法進行水化反應，而且冰會使體積膨
脹，破壞混凝土。而加熱容易使水分蒸發，用灑水等進行<u>濕治養護</u>
非常重要。

寒季也要
濕治養護啊

注意不要結凍

咻

加熱也容易
使水分蒸發喲！

加熱器

暑季混凝土會較早凝固，水分也較早蒸發。濕治養護也要早一點，
在泌水結束時進行。若在凝結之前灑水，混凝土面會變乾燥，可用
液膜養護劑或水噴霧進行濕治養護。

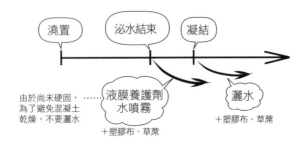

澆置　　　泌水結束　　　凝結

由於尚未硬固，
為了避免混凝土
乾燥，不要灑水

液膜養護劑
水噴霧

＋塑膠布、草蓆

灑水

＋塑膠布、草蓆

Q 普通波特蘭水泥在計畫使用期限為標準、長期的情況下，濕治養護期間是幾天以上？

▼

A 標準為5天以上，長期為7天以上。

混凝土急速乾燥，會使水泥無法充分進行水化反應，造成強度下降，而且水化反應不需要的多餘水分一口氣蒸發，也容易產生乾燥收縮裂縫。必須灑水，覆蓋塑膠布、濕潤的草蓆，或在表面鋪塑膠膜等，進行濕治養護。

濕治養護期間依JASS 5的規定如下所示，普通波特蘭水泥在標準的情況下為5天以上、長期則為7天以上。

濕治養護期間

(JASS 5)

計畫使用期限的級別 水泥的種類	短 期 及 標 準	長 期 及 超長期
早強波特蘭水泥	3天以上	5天以上
普通波特蘭水泥	5天以上	7天以上
中庸熱及低熱波特蘭水泥、 高爐水泥B種、飛灰水泥B種	7天以上	10天以上

19

混凝土的養護

Q 普通波特蘭水泥在計畫使用期限為短期的情況下，濕治養護期間是幾天以上？

▼

A 與標準相同，為5天以上。

 短期、標準的情況是一樣的，普通波特蘭水泥的濕治養護為<u>5天以上</u>（JASS 5）。

濕治養護期間

（JASS 5）

水泥的種類 ＼ 計畫使用期限的級別	短 期 及 標 準	長 期 及 超長期
早強波特蘭水泥	3天以上	5天以上
普通波特蘭水泥	5天以上	7天以上
中庸熱及低熱波特蘭水泥、高爐水泥B種、飛灰水泥B種	7天以上	10天以上

Q 高爐水泥B種在計畫使用期限為標準的情況下，濕治養護期間是幾天以上？

▼

A 7天以上。

混合水泥B種的強度需要經過數日才會出來。與襯板的保留期間（參見R143）相同，濕治養護期間必須比普通波特蘭水泥長。在「標準」情況下，普通波特蘭水泥需要5天以上，高爐水泥B種則是要7天以上。

濕治養護期間

（JASS 5）

計畫使用期限的級別 水泥的種類	短　期 及 標　準	長　期 及 超長期
早強波特蘭水泥	3天以上	5天以上
普通波特蘭水泥	5天以上	7天以上
中庸熱及低熱波特蘭水泥、高爐水泥B種、飛灰水泥B種	7天以上	10天以上

跟襯板的保留情況一樣啊

普通 < 混合B

混合B的
濕治養護
也較長

19

混凝土的養護

Q 室外氣溫較低的時期，混凝土在初期養護期間所需的溫度是多少？

▼

A 2℃以上。

🔲 混凝土在寒氣之下，水泥會無法進行水化反應，強度出不來。若在
0℃以下，混凝土中的水會凍結膨脹，破壞混凝土（凍傷）。水結凍
時，體積會膨脹約10%。因此，<u>澆置後的5天以上，溫度要保持在</u>
<u>2℃以上</u>（JASS 5）。若使用早強波特蘭水泥，只要3天就OK。至於
濕治養護期間，在「標準」情況下，普通波特蘭水泥要5天以上，
早強波特蘭水泥則要3天以上。

Q 普通波特蘭水泥在計畫使用期限為短期、標準的情況下，可以停止
濕治養護的抗壓強度是多少N/mm² 以上？

▼

A 10N/mm² 以上，可以結束濕治養護。

使用早強、普通、中庸熱波特蘭水泥時，混凝土抗壓強度在計畫使
用期限為<u>短期、標準</u>的情況下，要在10N/mm² <u>以上，長期、超長期</u>
<u>則要達15N/mm² 以上</u>，就可以停止濕治養護（JASS 5）。至於<u>拆掉襯</u>
<u>板</u>，則是在<u>5N/mm² 以上</u>（參見R137）。

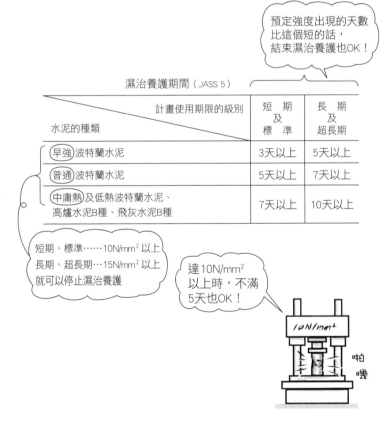

濕治養護期間（JASS 5）

水泥的種類	計畫使用期限的級別	短 期 及 標 準	長 期 及 超長期
早強 波特蘭水泥		3天以上	5天以上
普通 波特蘭水泥		5天以上	7天以上
中庸熱 及低熱波特蘭水泥、高爐水泥B種、飛灰水泥B種		7天以上	10天以上

預定強度出現的天數
比這個短的話，
結束濕治養護也OK！

短期、標準……10N/mm² 以上
長期、超長期…15N/mm² 以上
就可以停止濕治養護

達10N/mm²
以上時，不滿
5天也OK！

10N/mm²

啪
嘰

19

混凝土的養護

Q 使用早強波特蘭水泥時，濕治養護期間可以比普通波特蘭水泥短嗎？

▼

A 強度會較早出現，因此濕治養護期間可以較短。

■ 普通波特蘭水泥的濕治養護期間為 5 天以上，早強波特蘭水泥則是 3 天以上。以強度決定停止時機，兩者都是要在 10N/mm² 以上。

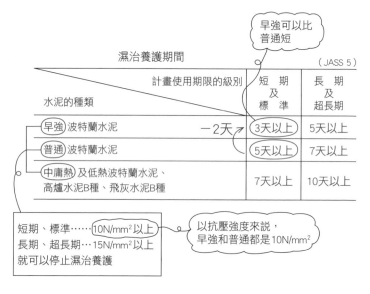

早強可以比普通短

濕治養護期間　　　　　　　　　　　　　　（JASS 5）

水泥的種類	計畫使用期限的級別	短　期及標　準	長　期及超長期
早強 波特蘭水泥	一2天↗	3天以上	5天以上
普通 波特蘭水泥		5天以上	7天以上
中庸熱 及低熱波特蘭水泥、高爐水泥B種、飛灰水泥B種		7天以上	10天以上

短期、標準……10N/mm²以上
長期、超長期…15N/mm²以上
就可以停止濕治養護

以抗壓強度來説，
早強和普通都是10N/mm²

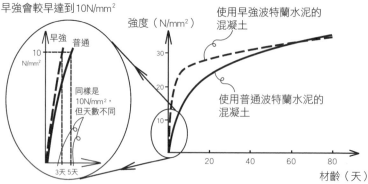

早強會較早達到10N/mm²

使用早強波特蘭水泥的混凝土

強度（N/mm²）

早強　普通

10 N/mm²

同樣是10N/mm²，但天數不同

30

20

10

使用普通波特蘭水泥的混凝土

3天 5天

20　　40　　60　　80

材齡（天）

Q 寒季混凝土為了防止初期凍傷，初期養護要在抗壓強度達到多少 N/mm² 之前進行？

▼

A 到 5N/mm² 之前。

混凝土開始硬化時，若水結凍就無法產生水化反應，而且水結凍會膨脹，使強度明顯下降，之後再加熱也無法恢復強度。因此，在 4°C以下澆置的寒季混凝土，為了防止初期凍傷，要進行初期養護。初期養護要在抗壓強度達 5N/mm² 之前進行（JASS 5）。除了初期養護，為了讓水泥進行水化，也要進行濕治養護。

寒季混凝土……4°C以下澆置，有凍傷之虞的混凝土

初期養護……防止初期凍傷 達5N/mm² 之前

濕治養護……普通「標準」5天以上、「長期」7天以上
早強「標準」3天以上、「長期」5天以上

達5N/mm² 之前
可不能結凍喔！

初期養護的
目的就是
不要結凍啊

閃亮

5N/mm²
以上

19

混凝土的養護

Q 寒季混凝土為了確保初期強度，應該使用早強波特蘭水泥嗎？此外，水泥需要加熱嗎？

▼

A 使用早強波特蘭水泥是有效的，但水泥加熱會凝結，千萬不能加熱。

寒季混凝土達 5N/mm² 之前，為了防止結凍，應該嚴格執行<u>初期養護</u>。之後也要繼續養護，使用臨時棚架包圍、以加熱器進行<u>加熱養護</u>，以隔熱塑膠布、隔熱墊等進行<u>隔熱養護</u>，以及覆蓋塑膠布、防止水分蒸發並防風的<u>被覆養護</u>。初期養護加上繼續養護，稱為<u>保溫養護</u>。

溫度較低時，如右上圖所示，初期強度較難出現，使用<u>早強波特蘭水泥</u>是有效果的。

水泥加熱會急速凝結，絕對不行。把水和骨材加熱則是可行的，骨材不要直接加熱，可使用蒸氣管等加溫。

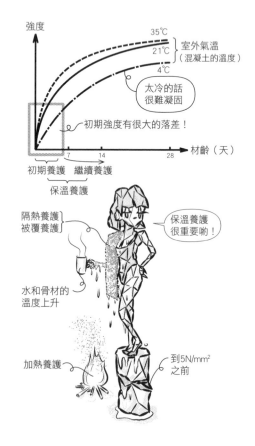

Q 進行塗裝裝飾時，表面的平坦度要多少？

▼

A 長度每3m要在7mm以下。

混凝土表面的平坦度，在JASS 5中的規定如下。塗裝或直接黏貼塑料壁紙等，直接以混凝土表面作為完成面的情況下，長度每3m要在7mm以下。

混凝土表面裝飾的平坦度標準值

（JASS 5）

混凝土的內外表面裝飾	平坦度(凹凸的差值)(mm)
裝飾厚度7mm以上時 或是不太受底層影響的情況	每1m在10以下
裝飾厚度未滿7mm時 或是需要較良好平坦度的情況	每3m在10以下
會直接看到混凝土時 或是裝飾厚度很薄的情況 或是其他需要良好表面狀態的情況	每3m在7以下

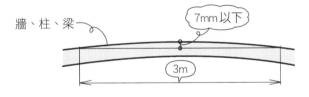

牆、柱、梁 ── 7mm以下

3m

從波浪的形狀
聯想到3 ⇨ 3 ⇨ 3m

Q 除去支撐材之後,需要確認哪些東西?

▼

A 確認有無撓度、裂縫、空洞、冷縫、蜂窩、積砂等情況。

■ 除去支撐重量的支撐材後,
如右圖所示,可能產生撓度
或裂縫。除去支撐材之前,
無法確認有無撓度或裂縫。
如下圖,空洞、冷縫、蜂
窩、積砂等,也必須在樓板
上方除去支撐、拆掉襯板後
才能進行確認。

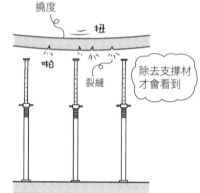

除去支撐材
才會看到

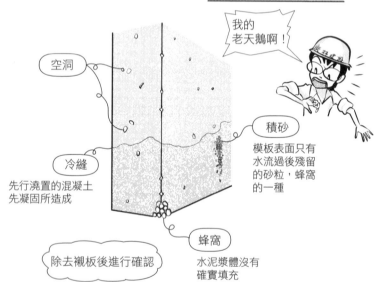

我的
老天鵝啊!

空洞

積砂

模板表面只有
水流過後殘留
的砂粒,蜂窩
的一種

冷縫

先行澆置的混凝土
先凝固所造成

蜂窩

除去襯板後進行確認

水泥漿體沒有
確實填充

Q 輕微蜂窩如何處理？

▼

A 除去不良部分，水洗後，用金屬鏝刀塗抹較硬的水泥砂漿修補。

蜂窩部位是水泥漿體沒有確實填充，較脆弱的部分。脆弱部位可用榔頭或電動鎚鑽等敲除。若直接塗上水泥砂漿，會有碎片或灰塵殘留，可能發生吸水後讓強度無法出現的情況。因此，先用水洗乾淨，充分吸水之後，再塗抹較硬的水泥砂漿。

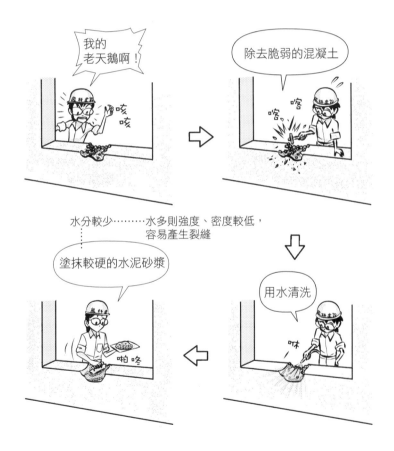

- 若不用水泥砂漿而直接塗上混凝土，會有礫石不好處理，也無法填充細小的凹凸部位。較硬的水泥砂漿（水灰比較小的水泥砂漿），也會讓強度、密度較高。
- 柱有較大的蜂窩時，除去的部位可能要到露出主筋為止。

Q 白華是什麼？

▼

A 混凝土中的鈣溶於水析出，水分蒸發之後，所剩下析出的白色物質。

水泥的氧化鈣（CaO：生石灰）經水化反應硬化，產生包含氫氧化鈣（$Ca(OH)_2$：消石灰、熟石灰）的結晶。硬化後的混凝土若有裂縫讓水滲入，表面就會析出氫氧化鈣，與二氧化碳反應（中和）後產生白色的碳酸鈣（$CaCO_3$），析出的東西就是白華（efflorescence，俗稱壁癌）。看起來像白色的花，故稱白華。

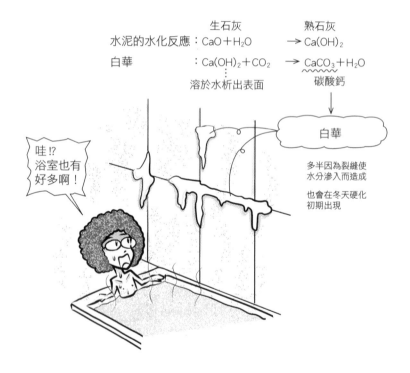

水泥的水化反應：$CaO + H_2O \rightarrow Ca(OH)_2$

白華　　　　　　：$Ca(OH)_2 + CO_2 \rightarrow CaCO_3 + H_2O$

生石灰　　熟石灰

溶於水析出表面　　碳酸鈣

白華

多半因為裂縫使水分滲入而造成

也會在冬天硬化初期出現

哇!?
浴室也有好多啊！

● efflorescence是花（flower）綻放之意，原意是開花。就像白色花朵綻放般，因而得名。

混凝土作業常使用「澆置」一詞，日本現在已經省略明治時期和昭和初期充分夯實的作業，多以「流動」的方式進行。下面以圖解的形式大致呈現容易產生乾燥收縮裂縫和中性化的「劣質」混凝土，以及與之相反的「優質」混凝土。請利用下方圖解，牢記混凝土的優劣吧。

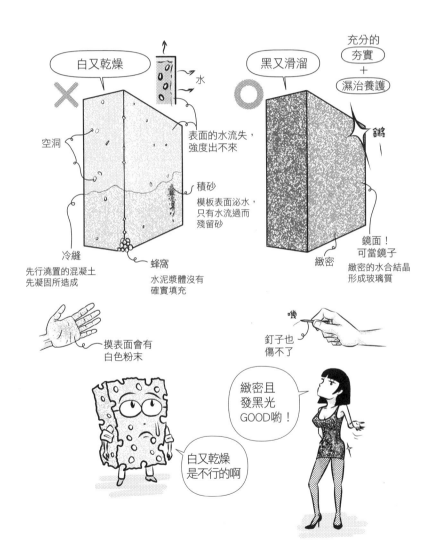

19

混凝土的養護

結構體的計畫使用期限

計畫使用期限的級別	計畫使用期限
短期使用級	大約　30　年
標準使用級	大約（　）年
長期使用級	大約（　）年
超長期使用級	大約　200　年

65（年）
100（年）

耐久設計基準強度F_d

計畫使用期限的級別	耐久設計基準強度F_d（N/mm²）
短期使用級	18N/mm²
標準使用級	（　）N/mm²
長期使用級	（　）N/mm²
超長期使用級	36N/mm²

d：durability 耐久性

24（N/mm²）
30（N/mm²）

SD345、SR295的345、295是（　　　）

降伏強度（N/mm²）

壓延標記　SD345是（　　　）個突起

1個

施工尺寸容許誤差　　　　（單位：mm）

項　目			符號	容許誤差
各施工尺寸	主筋	D25以下	a、b	± 15
		D29以上、D41以下	a、b	（　）
	肋筋、箍筋、螺旋箍筋		a、b	（　）
施工後的全長			ℓ	± 20

±20（mm）
±5（mm）

鋼筋的彎曲形狀・尺寸

圖	彎曲角度	鋼筋種類	以鋼筋直徑區分	鋼筋的彎曲淨直徑（D）	
180°　〔D〕 135°　〔D〕 90°　〔D〕	180° 135° 90°	SR235 SR295 SD295A SD295B ⬭SD345	16φ以下 ⬭D16以下	（　）以上	3*d*（以上）
			19φ ⬭D19〜 D41	（　）以上	4*d*（以上）

d：使用在圓鋼筋為直徑，用於竹節鋼筋則為通稱數值

彎鉤的留設長度

180°　135°　90°　（　）*d*

d：竹節鋼筋直徑的通稱數值

180°彎鉤 4*d* 以上

135°彎鉤 6*d* 以上

留設長度 ⇨ 6*d*

90°彎鉤 8*d* 以上

鋼筋之間的間隙

直徑的（　）倍以上　且　1.5倍以上

粗骨材最大尺寸的（　）倍以上　且　1.25倍以上

（　）mm以上　25mm以上

笑

20
默記事項

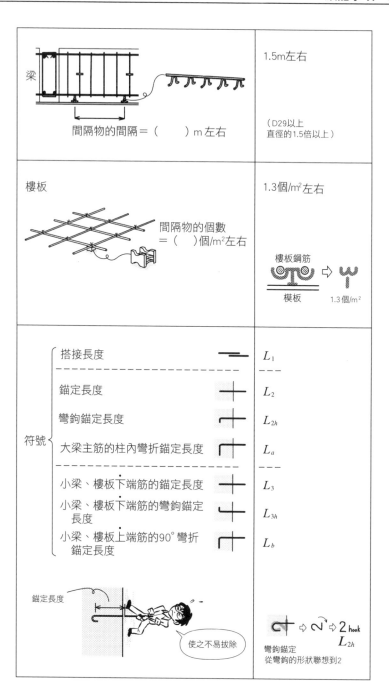

梁

間隔物的間隔＝（　　　）m 左右

1.5m 左右

（D29以上
直徑的1.5倍以上）

樓板

間隔物的個數
＝（　　　）個/m²左右

1.3個/m² 左右

樓板鋼筋

模板　　1.3個/m²

符號

搭接長度　　　　　　　　　　L_1

錨定長度　　　　　　　　　　L_2

彎鉤錨定長度　　　　　　　　L_{2h}

大梁主筋的柱內彎折錨定長度　L_a

小梁、樓板下端筋的錨定長度　L_3

小梁、樓板下端筋的彎鉤錨定
長度　　　　　　　　　　　　L_{3h}

小梁、樓板上端筋的90°彎折
錨定長度　　　　　　　　　　L_b

錨定長度

使之不易拔除

彎鉤錨定
從彎鉤的形狀聯想到2

L_{2h}

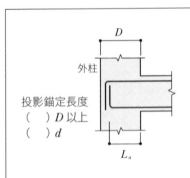

外柱

投影錨定長度
（　）D 以上
（　）d

L_a

0.75 D 以上

$\left(\dfrac{3}{4}D\right)$

20d（SD345的情況）

直線錨定長度 L_2

混凝土的設計 基準強度 F_c （N/mm²）	SD345
24～27	（　）d

L_2　錨定起點

35d

彎鉤錨定長度 L_{2h}

混凝土的設計 基準強度 F_c （N/mm²）	SD345
24～27	（　）d

L_{2h}

25d

小梁、樓板下端筋　直線的長度 L_3

混凝土的設計 基準強度 F_c （N/mm²）	鋼筋的 種類	下端筋	
		小梁	樓板
18～60	SD295A SD295B SD345 SD390	20d	（　）d 且 （　）mm 以上

10d
且
150mm
以上

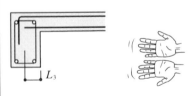

L_3

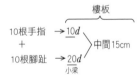

樓板

10根手指 → 10d
＋
10根腳趾 → 20d（小梁）

中間15cm

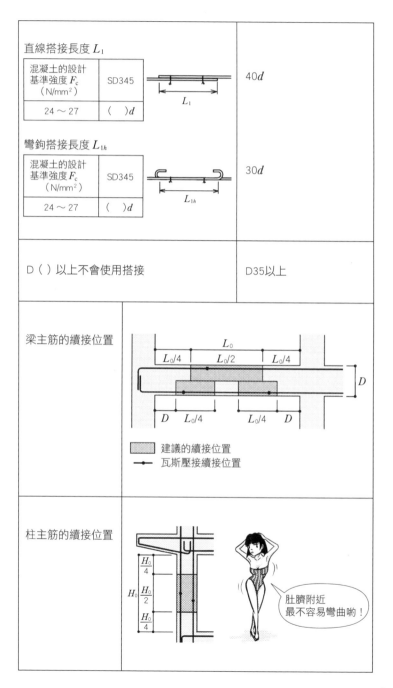

直線搭接長度 L_1

混凝土的設計基準強度 F_c（N/mm²）	SD345
24〜27	（　）d

40d

彎鉤搭接長度 L_{1h}

混凝土的設計基準強度 F_c（N/mm²）	SD345
24〜27	（　）d

30d

D（ ）以上不會使用搭接

D35以上

梁主筋的續接位置

L_0
$L_0/4$　$L_0/2$　$L_0/4$

D

D　$L_0/4$　$L_0/4$　D

▨ 建議的續接位置
● 瓦斯壓接續接位置

柱主筋的續接位置

H_0
$\dfrac{H_0}{4}$
$\dfrac{H_0}{2}$
$\dfrac{H_0}{4}$

肚臍附近
最不容易彎曲喲！

20
默記事項

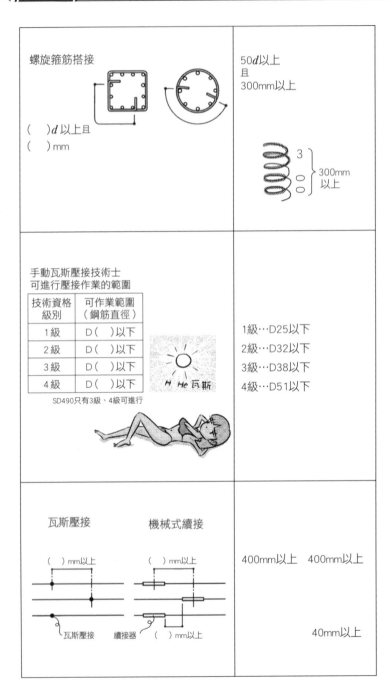

螺旋箍筋搭接

( )d 以上且
( ) mm

50d 以上
且
300mm 以上

3 } 300mm
以上

手動瓦斯壓接技術士
可進行壓接作業的範圍

技術資格級別	可作業範圍（鋼筋直徑）
1 級	D（ ）以下
2 級	D（ ）以下
3 級	D（ ）以下
4 級	D（ ）以下

SD490只有3級、4級可進行

1級…D25以下

2級…D32以下

3級…D38以下

4級…D51以下

瓦斯壓接   機械式續接

( ) mm以上   ( ) mm以上

瓦斯壓接   續接器   ( ) mm以上

400mm以上   400mm以上

40mm以上

鋼筋的手動壓接，直徑差超過（　）mm就不行	超過7mm 自動壓接只要直徑不同就不行
壓接端面間隙在（　）mm以下	3mm以下
直徑（　）d以上 長度（　）d以上 d：直徑、通稱數值	直徑…1.4 d以上 長度…1.1 d以上
中心軸的錯位（　）d以下 （　）d以下 膨脹中心與壓接面的錯位 d：直徑、通稱數值	中心軸的錯位………$\frac{1}{5}d$以下 膨脹中心與壓接面…$\frac{1}{4}d$以下 的錯位
瓦斯壓接的超音波探測檢查 1組作業班，每日進行（　）個地方	30個地方

20

默記事項

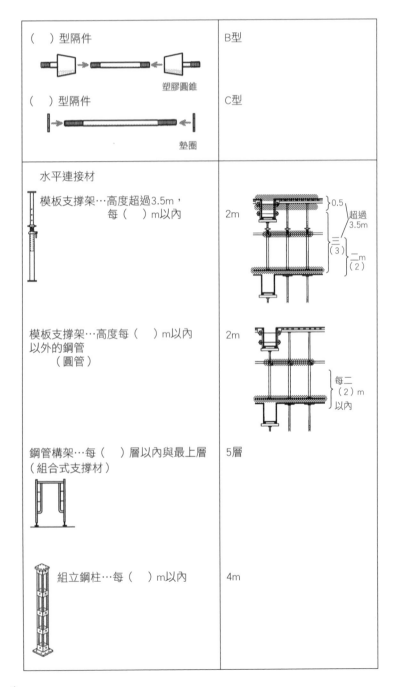

（　）型隔件 ——— B型

塑膠圓錐

（　）型隔件 ——— C型

墊圈

水平連接材

模板支撐架…高度超過3.5m，
　　　　　每（　）m以內 ——— 2m

0.5
超過3.5m
三(3)
二m(2)

模板支撐架…高度每（　）m以內
以外的鋼管
（圓管） ——— 2m

每二(2)m
以內

鋼管構架…每（　）層以內與最上層
（組合式支撐材） ——— 5層

組立鋼柱…每（　）m以內 ——— 4m

平鋼板 重疊距離（ ）mm以上 偏移距離（ ）mm以下 鋼骨梁	重疊距離…50mm以上 偏移距離…40mm以下
水平方向的荷重 模板支撐架…設計荷重的（ ）% 鋼管構架……設計荷重的（ ）%	5% Support 5% 2.5%
荷重 RC…比重（ ） （ ）kN/m³ 模板…（ ）kN/m² ←注意 澆置時的承載荷重 …（ ）kN/m² （作業荷重＋衝擊荷重）	2.4 24kN/m³ 0.4kN/m² 1.5kN/m²

20

默記事項

水or高流動混凝土

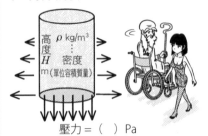

高度 H m（單位容積質量）
ρ kg/m³
密度

壓力＝（　　）Pa
ρ：密度（單位容積質量）

$$壓力＝\rho g H（Pa＝N/m^2）$$
$$g＝9.8m/s^2$$

模板設計用混凝土側壓
（kN/m²）

澆置速度 （m/h）	超過20 的情況
部位 H(m)	4.0以下
柱	（　　　）
牆	

H：新拌混凝土的水頭（m）（從欲求得的側壓位置往上的混凝土澆置高度）

W_0：新拌混凝土的單位容積質量（t/m³）乘上重力加速度而得（kN/m²）

$W_0 H$
側壓（kN/m²）

$4W_0$

側壓＝$\dfrac{W_0 H}{斜率}$

柱、牆

H(m)
4m
混凝土的深度（高度）

鋼
（彎曲、壓力、拉力）

短期容許應力＝（　　）F

長期容許應力＝（　　）F

F：基準強度

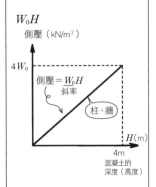

σ

基準強度F

F

$\dfrac{2}{3}F$

F
$\dfrac{2}{3}F$

ε

混凝土
（壓力）

短期容許應力＝（　　）F_c

長期容許應力＝（　　）F_c

F_c：設計基準強度

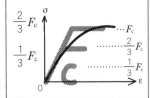

σ

$\dfrac{2}{3}F_c$

$\dfrac{1}{3}F_c$

F_c
$\dfrac{2}{3}F_c$
$\dfrac{1}{3}F_c$

ε

模板合板的容許彎曲應力計算式	$\dfrac{\text{長期容許彎曲應力＋短期容許彎曲應力}}{2}$

襯板的保留期間（柱、牆壁、梁側、基礎）	
強度 ┌ 短期、標準……（　）N/mm²	5N/mm²
└ 長期、超長期、高強度 …（　）N/mm²	10N/mm²
	↓＋5
┌ 若沒有濕治養護	
│ 短期、標準……（　）N/mm²	10N/mm²
└ 長期、超長期、高強度 …（　）N/mm²	15N/mm²
材齡 ┌ 20℃以上…………………（　）天	4天
└ 10℃以上，未滿20℃…（　）天	6天
（普通波特蘭水泥）	
高爐、矽灰、飛灰 ⋮	
材齡 相較於普通、混合A種，	
（水泥種類）　　　混合B種會比較（　）	長
水平襯板 設計基準強度 F_c 達 （　）%以上可拆除	50%

支撐材的保留期間 梁下…（　）N/mm² 或 F_c 達（　）%以上 樓板下…（　）N/mm² 或 F_c 達（　）%以上 懸臂板下…F_c 達（　）%以上 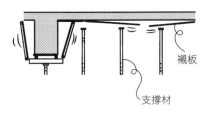 襯板 支撐材	12N/mm²、100%以上 12N/mm²、85%以上 100%以上
預鑄混凝土脫模時的強度 　　平坦…（　）N/mm²左右 　　70°～80°傾斜…（　）～（　）N/mm²左右	12N/mm²左右 8～10N/mm²左右
水泥……在混凝土中的容積約（　）% 　　　　水泥袋的保管在（　）袋以下 混凝土中的容積……細骨材約（　）% 　　　　　　　　　　粗骨材約（　）%	約10% 10袋以下 約30% 約40%
細骨材率、粗骨材率是質量比or容積比？	容積比

適用的水泥 寒季混凝土 ⟶（　）波特蘭水泥 暑季混凝土 巨積混凝土 ⟶（　）波特蘭水泥 高強度混凝土	早強 低熱
彈性模數 E 混凝土　$2.1 \times 10^{(\ )}$ N/mm^2　強度大 σ E ε 鋼　$2.05 \times 10^{(\ )}$ N/mm^2 σ E ε	2.1×10^4 N/mm^2 2.05×10^5 N/mm^2
線膨脹係數 $\dfrac{\Delta \ell}{\ell}$ （玻璃）≒混凝土≒鋼 　　　$1 \times 10^{(\ )}$（/℃） ℓ　$\Delta \ell$ 1℃伸長的長度	1×10^{-5}（/℃）
混凝土為（酸性、鹼性） pH值比7（大、小） 酚酞液為（　）色	鹼性 pH值比7大 紅紫

黏稠度＝（　　　）	consistency
可塑性＝（　　　）	plasticity
裝飾工程的容易程度＝（　　　）	修飾性 finishability
施工的容易程度＝（　　　）	施工性 workability
坍度　（　　　）cm以下 　　　　容許誤差±（　　）cm 配比管理強度未滿（　　　）N/mm² 的情況 坍流度　（　　　）cm以下 設計基準強度 　45N/mm² 以上、60N/mm² 以下的情況	18cm以下 ±2.5cm 未滿33N/mm²的情況 60cm以下
使用AE材的混凝土 空氣量為（　　　）％ 　　　　　容許誤差±（　　）％	4.5％ ±1.5％

使用AE材的寒季混凝土 空氣量為( )~( )%	4.5～5.5% 標準4.5±1.5% 3%　4%　▽　5%　6% 4.5～5.5% 標準～標準＋1%
混凝土的劣化 表面脫落 冰 ( )	剝落 scaling
噴飛 冰 ( )	爆出 pop out
阻擋 襯板　鋼筋 ( )	屏蔽 screening
混凝土內的空氣 骨材 ( )	拌入空氣 entrapped air
( )	裹入空氣 entrained air

氯離子量要在（ ）kg/m³以下	0.3kg/m³以下

混凝土的檢查項目6種

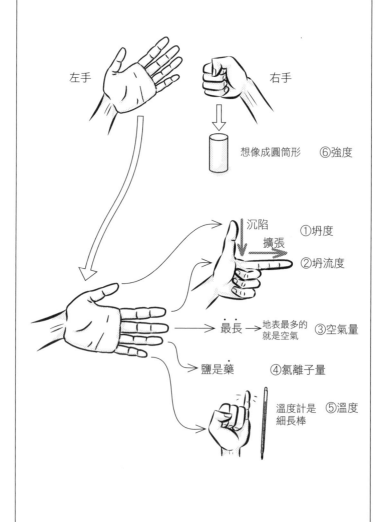

左手

右手

想像成圓筒形　⑥強度

沉陷　①坍度

擴張

②坍流度

最長　→ 地表最多的　③空氣量
　　　　就是空氣

鹽是藥　④氯離子量

溫度計是　⑤溫度
細長棒

空氣量　大 ──→ 強度　　（　）	小
水灰比　大 ──→ 強度　　（　） 　　　　──→ 中性化　（　） 　　　　──→ 鹽害　　（　） 　　　　──→ 乾燥收縮（　） 　　　　──→ 泌水　　（　）	小 早 大 大 多
水灰比 普通波特蘭水泥 混合水泥A種 （高爐、飛灰）　（　）%以下	65%以下
混合水泥B種　（　）%以下 （高爐、飛灰）	60%以下
水密性混凝土　（　）%以下	50%以下

單位水量（　）kg/m³ 以下	185kg/m³ 以下
單位水泥量 普通混凝土（　）kg/m³ 以上 使用高性能AE減水劑的普通混凝土 　　　（　）kg/m³ 以上 水中混凝土（　）kg/m³ 以上	270kg/m³ 以上 290kg/m³ 以上 水中混凝土 $\frac{\text{Water}}{W} \quad \frac{\text{Water}}{W}$ ↓　　↓ 3　　30kg/m³ 以上 330kg/m³ 以上
細骨材率　大　⟶ 黏性（　） 　　　　　⟶ 坍度（　） 　　　　　⟶ 乾燥收縮（　）	大 小 礫石基本上不會收縮 ∴砂多而礫石少時， 乾燥收縮會較大 大 
泥漿水 　泥漿　sludge　是（　） 　爐渣　slag　　是（　） 　灰渣　ash　　 是（　）	從回收水除去粗骨材、細骨材的 循環水 循環水 金屬精煉所產出的礦渣 灰

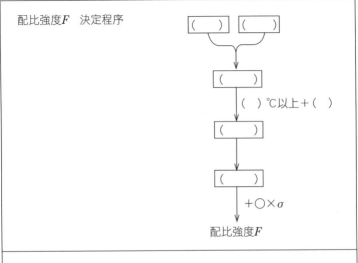

配比強度 F　決定程序

（　　）　（　　）

（　　）

（　）℃以上 ＋（　）

（　　）

（　　）

$+○×σ$

配比強度 F

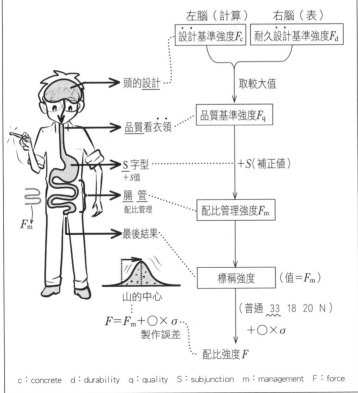

左腦（計算）　右腦（表）

設計基準強度 F_c　耐久設計基準強度 F_d

頭的設計

取較大值

品質看衣領

品質基準強度 F_q

$\underline{S}$ 字型
$+s$ 值

$+S$（補正值）

腸　管
配比管理

配比管理強度 F_m

F_m

最後結果

標稱強度　（值 ＝ F_m）

山的中心

（普通 33 18 20 N）

$+○×σ$

$F=F_m+○×σ$
製作誤差

配比強度 F

c：concrete　d：durability　q：quality　S：subjunction　m：management　F：force

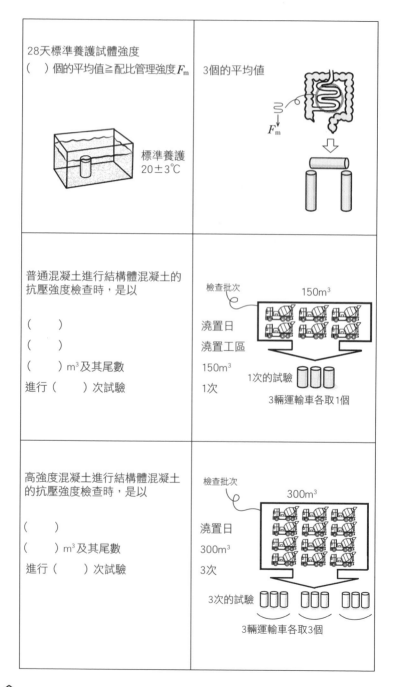

28天標準養護試體強度

（　）個的平均值≧配比管理強度 F_m

標準養護
20±3℃

3個的平均值

F_m

普通混凝土進行結構體混凝土的抗壓強度檢查時，是以

（　　）

（　　）

（　　）m³ 及其尾數

進行（　　）次試驗

檢查批次　　150m³

澆置日

澆置工區

150m³

1次

1次的試驗

3輛運輸車各取1個

高強度混凝土進行結構體混凝土的抗壓強度檢查時，是以

（　　）

（　　）m³ 及其尾數

進行（　　）次試驗

檢查批次

300m³

澆置日

300m³

3次

3次的試驗

3輛運輸車各取3個

試體的養護方法

結構體混凝土的強度
場鑄混凝土椿的強度
巨積混凝土的強度
　　　　（　　）養護

結構體強度＝鑽心強度

試驗場

標準養護　20±3℃
　　　　　的定值

場鑄混凝土
巨積混凝土
温度與現場不同，
現場養護×

施工上必要的強度
（除去襯板、支撐材）

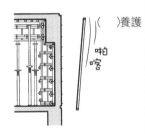

　　　　（　　）養護

現場水中養護

現場的陽光，現場的温度

現場密封養護

塑膠布

預鑄混凝土的強度

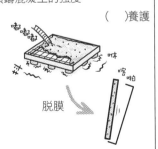

脫膜

　　　（　　）養護　加熱養護

與本體同樣以
蒸氣等加熱

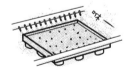

預鑄混凝土本體

20

默記事項

文字、數字的含意 　普通 33 18 20 N	普通 33 18 20 N 　　　　　　　└ 普通波特蘭水泥 　　　　　└ 粗骨材最大尺寸 　　　└ 坍度 　　└ 標稱強度 　└ 普通混凝土（不是輕質）
混凝土從拌合到澆置完成的時間 　未滿25℃（　　）分鐘以內 　25℃以上（　　）分鐘以內 高強度混凝土從拌合到澆置完成 的時間 　不管氣溫多少都是（　）分鐘以內	 120分鐘以內 90分鐘以內 120分鐘以內
寒季混凝土 　澆置時混凝土的溫度（　）℃以上 　拌合水、骨材的溫度（　）℃以下	 5℃以上 40℃以下
暑季混凝土、巨積混凝土 　卸貨時混凝土的溫度（　）℃以下	 35℃以下

對應粗骨材最大尺寸的輸送管標稱尺寸

粗骨材最大尺寸（mm）	輸送管標稱尺寸（mm）	
20	（　）以上	100A以上
25		
40	（　）以上	125A以上

混凝土的澆置重疊時間

澆置

未滿25℃（　　）分鐘以內　　　150分鐘以內

25℃以上（　　）分鐘以內　　　120分鐘以內

棒狀振動器的插入間隔為（　　）cm以下　　60cm以下

骨材分離、水向上浮出稱為（　　）　　　泌水

與水一起懸浮的細微不純物稱為（　　）　水泥浮漿

預防鹼骨材反應

　混凝土中的含鹼量要在（　　）kg/m³ 以下　3kg/m³ 以下

20
默記事項

濕治養護期間 　　　　　　　　　　　　　　　（JASS 5） 表格： <table><tr><td colspan="1">　計畫使用期限的級別 水泥的種類</td><td>短　期 及 標　準</td><td>長　期 及 超長期</td></tr><tr><td>早強波特蘭水泥</td><td>3天以上</td><td>5天以上</td></tr><tr><td>普通波特蘭水泥</td><td>（　）天以上</td><td>（　）天以上</td></tr><tr><td>中庸熱及低熱波特蘭水泥、 高爐水泥B種、飛灰水泥B種</td><td>（　）天以上</td><td>10天以上</td></tr></table>	5天以上　7天以上 7天以上
抗壓強度在（　　　）N/mm² 以上就可以 停止濕治養護 （早強、普通、中庸熱波特蘭水泥　） （計畫使用期限　短期、標準　　）	10N/mm²以上
初期養護期間的混凝土溫度為（　　）℃以上	2℃以上
寒季混凝土的初期養護要在達 （　　　）N/mm² 之前	5N/mm² 以上

混凝土表面裝飾的平坦度 （會直接看到混凝土時） 每（　　）m 在（　　）mm以下	每3m 在7mm以下
混凝土的不良狀況 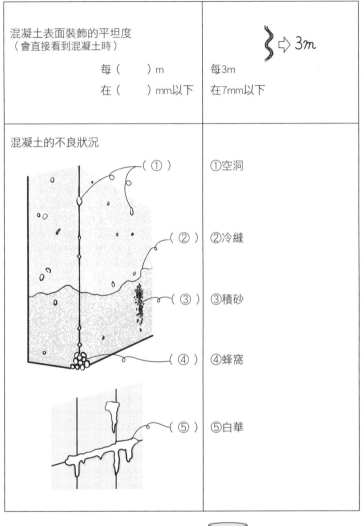	①空洞 ②冷縫 ③積砂 ④蜂窩 ⑤白華

還有2頁喔！

20
默記事項

裂縫對策

水分的蒸發

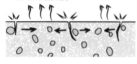

乾燥收縮裂縫

（對策）
・減少單位水量
・水灰比小、較硬的混凝土要
　確實搗實、夯實，給予充分
　的濕治養護
・骨材使用石灰岩的碎石
・使用收縮低減劑、膨脹材

澆置後　表面水的蒸發

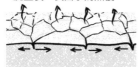

塑性收縮裂縫

（對策）
・馬上夯實使之均勻
・避免直射陽光

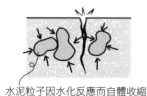

水泥粒子因水化反應而自體收縮

自體收縮裂縫

（對策）
・減少單位水泥量

外側冷卻
收縮

內側維持
膨脹　　　　　水化熱

溫差裂縫

（對策）
・減少單位水泥量
・使用低熱性水泥
・保溫養護

龜殼狀
（地圖狀）

鹼骨材反應

（對策）
・混凝土中的含鹼量在3kg/m³ 以下
・使用混合水泥B種、C種

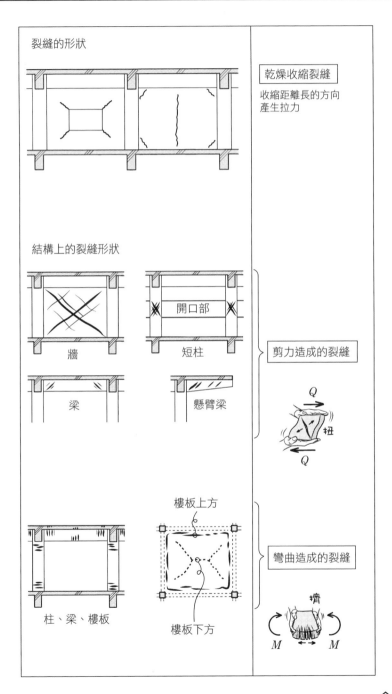

裂縫的形狀

乾燥收縮裂縫

收縮距離長的方向
產生拉力

結構上的裂縫形狀

開口部

牆　　　　　短柱

梁　　　　　懸臂梁

剪力造成的裂縫

Q

扭

Q

樓板上方

柱、梁、樓板

樓板下方

彎曲造成的裂縫

牆

M　　　M

藝術叢書 FI1053X

圖解RC造施工入門

一次精通鋼筋混凝土造施工的基本知識、結構、工法和應用

作　　　者	原口秀昭	
譯　　　者	陳嘩亭	
副 總 編 輯	劉麗真	
主　　　編	陳逸瑛、顧立平	
美 術 設 計	陳文德	
事業群總經理	謝至平	
發 行 人	何飛鵬	
出　　　版	臉譜出版	

城邦文化事業股份有限公司
台北市南港區昆陽街16號4樓
電話：886-2-25007696　傳真：886-2-25001952

發　　　行　英屬蓋曼群島商家庭傳媒股份有限公司城邦分公司
台北市南港區昆陽街16號8樓
客服服務專線：886-2-25007718；25007719
24小時傳真專線：886-2-25001990；25001991
服務時間：週一至週五上午09:30-12:00；下午13:30-17:00
劃撥帳號：19863813　戶名：書虫股份有限公司
讀者服務信箱：service@readingclub.com.tw

香港發行所　城邦（香港）出版集團有限公司
香港九龍土瓜灣土瓜灣道86號順聯工業大廈6樓A室
電話：852-25086231　傳真：852-25789337

馬新發行所　城邦（馬新）出版集團Cité (M) Sdn Bhd
41-3, Jalan Radin Anum, Bandar Baru Sri Petaling, 57000 Kuala Lumpur, Malaysia
電話：603-90563833　傳真：603-90576622
E-mail: services@cite.my

二 版 一 刷　2024年3月

城邦讀書花園

國家圖書館出版品預行編目資料

圖解RC造施工入門：一次精通鋼筋混凝土造施工的基本知
識、結構、工法和應用／原口秀昭著；陳曄亭譯. -- 二版. --
臺北市：臉譜，城邦文化出版：家庭傳媒城邦分公司發行，
2024.03
　　面；　公分. -- （藝術叢書；FI1053X）
譯自：ゼロからはじめる「RC造施工」入門
ISBN 978-626-315-458-2（平裝）

1.鋼筋混凝土 2.結構工程

441.557　　　　　　　　　　　　　　　　112022827